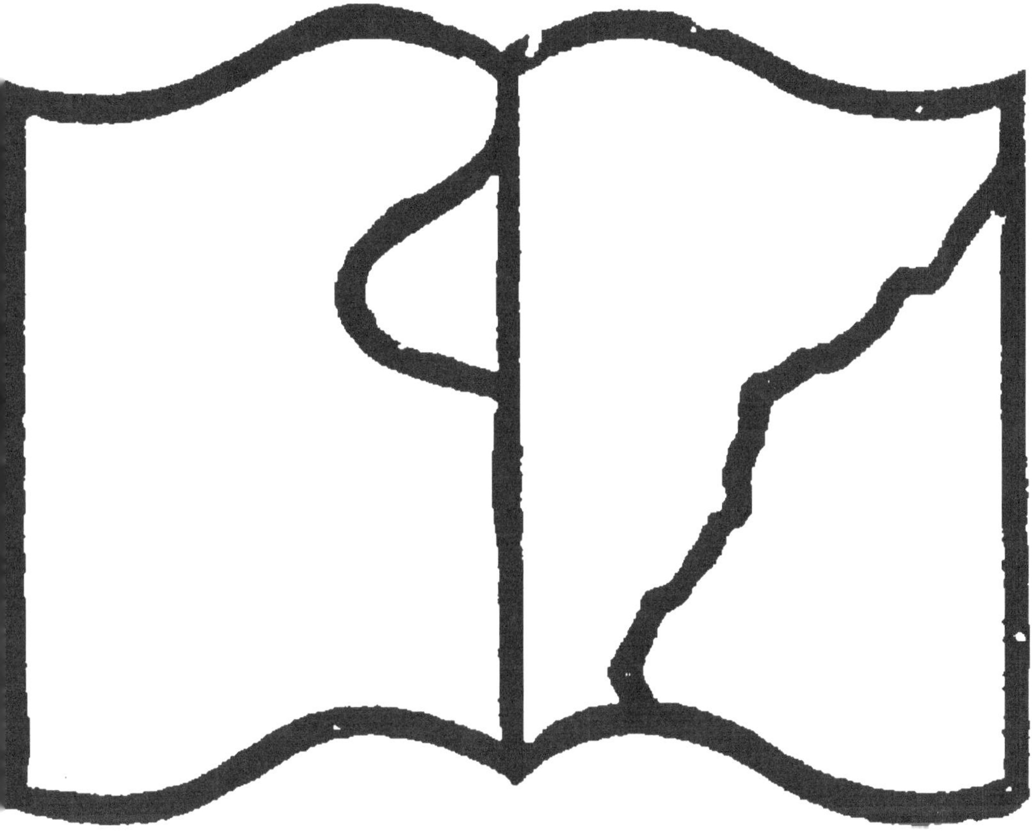

Texte détérioré — reliure défectueuse

NF Z 43-120-11

Confédération Générale du Travail

FÉDÉRATION NATIONALE

DES

Syndicats de Peinture et Parties assimilées

IVme Congrès National
Ier Congrès International

TENUS A L'ÉCOLE MATERNELLE, RUE DE LA POSTE, GRENOBLE

Du 4 au 11 Septembre 1904

Compte-Rendu des Travaux des Congrès

Publié par les soins du Comité Fédéral

BOURGES

IMPRIMERIE OUVRIÈRE DU CENTRE

COMMANDITE D'OUVRIERS SYNDIQUÉS

38, Rue Bourbonnoux, 38

—

1904

FÉDÉRATION NATIONALE
des Syndicats de Peinture et parties assimilées de France et des Colonies

IVᵉ CONGRÈS NATIONAL

ET

Iᵉʳ CONGRÈS INTERNATIONAL

TENUS A

l'École Maternelle, Rue de la Poste, GRENOBLE
du 4 au 11 Septembre 1904

Compte-Rendu des Travaux des Congrès

Publié par les soins du Comité Fédéral

BOURGES
IMPRIMERIE OUVRIÈRE DU CENTRE
COMMANDITE D'OUVRIERS SYNDIQUÉS
38, Rue Bourbonnoux, 38

1904

Un grand nombre de membres de la Chambre Syndicale de Grenoble s'étaient rendus à la gare à la rencontre des délégués. Ceux-ci arrivés, ils les conduisaient immédiatement à l'école maternelle de la rue de la Poste où le Congrès devait tenir ses assises, l'exiguité de la Bourse du Travail, ne permettant pas d'en distraire une salle à cet effet.

Dans la salle du Congrès attendaient d'autres camarades de la Chambre Syndicale qui recevaient les délégués et leur souhaitaient la bienvenue. La salle elle-même était magnifiquement décorée de tentures rouge et or. Deux magnifiques tableaux, dont l'un, de notre camarade Piccardi, de la Chambre Syndicale de Grenoble représentait les poisons professionnels fuyant devant la Science et l'Humanité ; l'autre une splendide composition représentant sous les traits d'une femme, le génie de la peinture. Nous regrettons sincèrement d'avoir oublié le nom de l'auteur. Qu'il reçoive ici les chaleureuses félicitations de la Fédération, ainsi que le camarade Piccardi pour les beaux ouvrages qu'ils ont conçus et exécutés à l'occasion du IVe Congrès des Syndicats de peinture.

Le soir à 9 heures, à l'Eldorado, un banquet gracieusement offert aux congressistes par la Chambre Syndicale de Grenoble, réunissait les délégués et la plupart des ouvriers peintres syndiqués. Il fut très bien servi et animé par la plus grande cordialité et la plus franche gaîté. Ce banquet fut suivi d'un beau concert organisé avec le concours de « l'Estudiantina Italienne », Société de mandolinistes très experts dans leur art, et de plusieurs camarades qui chantèrent à qui mieux mieux les romances et chansonnettes les plus nouvelles. Nous devons toutefois une note tout-à-fait spéciale à notre camarade Claveri, membre de l' « Estudiantina » et de la Chambre Syndicale des peintres qui, avec son talent musical et sa jolie voix de ténor, sut charmer son auditoire à tel point qu'il dût recommencer à plusieurs reprises.

A signaler également, les deux fillettes de notre ami Gervason, secrétaire du Congrès, qui, malgré leur jeune âge — moins de dix ans, — ont enthousiasmé les congressistes en chantant plusieurs duos.

4me CONGRÈS NATIONAL

Séance d'Ouverture du 4 Septembre

A 3 heures du soir, le Secrétaire Général de la Fédération Nationale déclare le Congrès ouvert. A titre de remerciement à la Chambre Syndicale des peintres de Grenoble, il propose qu'à cette séance, le bureau soit composé de membres pris parmi cette organisation. (Assentiments unanimes).

En conséquence, le bureau sera composé des camarades RIVIÉRE, Président; CLAVEL, MANQUAT Félix, COLOMBINO et PICCARDI, Assesseurs.

Le Président remercie l'Assemblée de la preuve de sympathie qu'elle vient de manifester en faveur de la Chambre Syndicale de Grenoble et termine en exprimant le souhait que ce Congrès établisse enfin un lien plus étroit entre les organisations. Il adresse son salut et celui de ses camarades aux prolétaires de Marseille et Cette en lutte contre le patronat.

ROBERT, Secrétaire de la Fédération, répond au Président que ses désirs seront suivis d'exécution, car le but du Congrès est d'entreprendre tout ce qui est nécessaire pour l'amélioration de la Corporation.

Contrairement aux précédents qui consistent à nommer une Commission dite de vérification des mandats pour abréger le travail, il propose au Congrès de donner lecture des mandats qui lui sont parvenus et invite l'Assemblée à se prononcer immédiatement pour la validation ou l'exclusion à l'énumération de chaque mandat. Adopté.

NOGUEZ de *Marseille*, remercie la Fédération d'avoir invité les organisations adhérentes ou non au Congrès, et adresse ses plus sincères remerciements à la Chambre Syndicale de Grenoble, pour l'accueil fait aux délégués.

ANSALDI de *Marseille* s'associe aux paroles de son camarade NOGUEZ et demande au Congrès qu'il adresse un télégramme de sympathie aux camarades grévistes de *Marseille* et de *Cette*.

ROBERT est d'accord avec ANSALDI, mais le Congrès n'étant pas encore régulièrement constitué, il préférerait attendre la vérification des mandats, ensuite le nécessaire serait fait à ce sujet.

NOGUEZ demande que les délégués, à l'appel du mandat, répondent présent..

ROBERT donne lecture des mandats parvenus.

Aucune opposition n'étant faite, sont admis :

Syndicat de *Limoges*, Délégué,	BOURDOT
Syndicat de *Perpignan*, Délégué	CRUELLS
Syndicat de *Cette*, Délégué	DÉAN

Syndicat de *Nantes*, représenté par	CRAISSAC,
» *Roubaix*, délégué	LORTHIOIS
» *Angers* »	LAMBERT
» *Cherbourg* »	LÉCLUZE
Peintres en bâtiment de la *Seine*	TESTAUD et GUÉNOB
Lettres et attributs de *Paris*	RATILLON
Syndicat de *Tours* »	LOISON
» de *Caen* représenté par	BIDAULT
» de *Marseille* délégué	ANSALDI et NOGUEZ
» de *St-Amand* repr. par	BOUTONNET
Peintres du X° Arrondissement de *Paris*	DAUBRY
Syndicat de *Montpellier* délégué	LAGRÈZE
Toiles peintes et cirées de *Bourges* représenté par	BIDAULT
Syndicat de *Rouen* représenté par	LAURAS
» de *Reims* représenté par	ROBERT
» d'*Arles* représenté par	BIDAULT
» de *St-Quentin* délégué	BOURLON
» de *Versailles* représenté par	ROBERT
» de *St-Brieuc* »	RIVIÈRE
» de *Tulle* »	BIDAULT
» de *Brest* »	RATILLON
Groupe amical de *Levallois-Perret*	GUÉNOB
Syndicat de *Toulouse* »	TESTAUD
» de *Toulon* »	TESTAUD
Peintres, Platriers de *St-Etienne*	ROBERT
» de la *Nièvre* »	DAVID
» de *Bordeaux* »	ROBERT
» de *Niort* »	DAVID
» d'*Alger* »	DAVID
» de *Brives* »	MAZOUAUD
» de *Rochefort* »	Louis ROY
» de *Grenoble* »	DAVID et CLAVEL
Syndicat des Peintres de *Paris*	CRAISSAC

CRAISSAC déclare que le mandat qu'il possède au nom de son organisation, n'est qu'à titre consultatif ; partisan de l'Union et devant la faire, il renonce à son droit de vote.

ROBERT fait connaître que le délégué d'*Alger* n'est pas encore arrivé ; il croit que ce retard est dû à la grève de *Marseille*.

NOGUEZ est partisan que le Congrès prenne acte de ce cas de force majeure et propose que le Syndicat d'*Alger* soit représenté par un camarade de *Grenoble*, en attendant l'arrivée de son délégué

ROBERT appuie la proposition de NOGUEZ ; le camarade DAVID de *Grenoble* est désigné comme représentant.

LÉCLUZE remercie au nom de son Syndicat le bureau de la Fédération. Il déclare qu'il a un mandat impératif de confiance en sa faveur.

ROBERT annonce à l'Assemblée qu'il est parvenu 2 dépêches ; une du camarade ROY, annonçant son arrivée dans la soirée, la 2°, télégramme de sympathie de *Cette*, envers le Congrès. Il est décidé ensuite d'envoyer un télégramme d'encouragement aux grévistes de *Marseille*.

ROBERT, au nom du Comité Fédéral, propose au Congrès d'admettre la Presse ; il fait ressortir les avantages au point de vue de la publicité des travaux.

Toutefois, la responsabilité des compte-rendus sera laissée aux journaux; s'il s'en trouvait qui en dénaturent le sens, le Congrès prendrait les mesures qui seraient nécessaires.

DAVID déclare que le Comité d'organisation avait décidé d'adresser chaque soir aux journaux, un compte-rendu officiel de la journée. Il se rallie à la proposition de Robert, qui déchargerait de beaucoup le travail du secrétaire-rapporteur, et croit que les comptes-rendus n'auraient qu'à bénéficier de cette mesure.

DAUBRY est partisan que les délégués ne fassent leur compte-rendu de mandat qu'après la publication du rapport du Congrès.

LORTHIOIS dit qu'ayant assisté à 15 Congrès, il a toujours vu la presse y assister.

CRAISSAC désire que la presse soit admise, car plus il y aura de publicité pour le Congrès, plus ce dernier aura de retentissement ; il demande l'autorisation d'adresser des notes aux journaux parisiens.

CRUELLS est d'avis que les compte-rendus faits par la Presse sont tout de bénéfice pour la cause syndicale.

ROBERT dit que chaque délégué est libre de ses actes, mais sous sa propre responsabilité.

DAVID demande la clôture qui est prononcée.

La proposition du Comité Fédéral mise aux voix est adoptée à l'unamité moins une abstention.

ROBERT croit qu'en raison des fatigues du voyage, il serait bon de lever la séance, et de remettre au lendemain le travail sérieux.

CRAISSAC est partisan de cette proposition, et demande la réunion immédiate du Comité fédéral et de la Commission d'organisation du Congrès.

ANSALDI estime qu'il faudrait nommer des commissions pour chaque question figurant à l'ordre du jour.

ROBERT est d'avis contraire, il est partisan d'ouvrir la discussion sur chaque question, tout en limitant le droit de parole ainsi que le temps employé,

ANSALDI retire sa proposition et se rallie à celle de Robert.

TESTAUD propose d'y ajouter, que le laps de temps soit fixé au début de la discussion et sur chaque question.

La proposition Robert mise aux voix est adoptée à l'unanimité.

NOGUEZ reprend la proposition de Craissac, qui tend à réunir le Comité fédéral et la Commission d'organisation du Congrès.

La séance est suspendue à 5 heures et reprise à 5 h. 20.

POUGET délégué de la Confédération Générale du Travail, a la parole au nom de cette dernière. Il prononce l'allocution suivante :

Camarades,

Je suis heureux d'être près de vous l'interprète de la Confédération Générale du Travail et d'apporter, au nom du Comité Confédéral, son salut de solidarité aux délégués de la Fédération des Peintres qui viennent travailler à la fortification de l'organisme confédéral.

Votre Fédération, nous en sommes convaincus, sortira de ce Congrès plus vigoureuse, plus apte à mener des campagnes décisives contre les exploiteurs. Puis, par l'exemple que vous aurez donné, vous, les militants de la première heure, vous rallierez les indécis et les indifférents et, par répercussion, le nombre des syndiqués et des Syndicats s'en trouvera augmenté. Et ces nouvelles forces vous mettront à même d'engager d'autres batailles jusqu'au jour où le prolétariat, groupé dans ses Syndicats qui sont l'élément du progrès, eux-mêmes groupés dans leurs Fédérations respectives groupées à leur tour dans la Confédération Générale du Travail, seront assez forts et assez conscients pour entreprendre la lutte décisive qui sera le premier acte de l'œuvre d'émancipation complète.

Vous avez bataillé jusqu'ici pour supprimer le poison qu'est le blanc de céruse. Quand vous aurez réussi, vous aurez à mener un combat plus dur encore et à poursuivre la suppression du poison qu'est la société capitaliste.

(Vifs applaudissements.)

ANSALDI propose qu'à la fin de chaque séance, le bureau soit désigné pour la suivante.

Il demande en outre, que les réunions aient lieu de la façon suivante :
Celle du matin, de 8 heures à midi.
Celle du soir, de 2 heures à 6 heures. ..

LÉCLUZE demande que la durée des travaux de chaque journée, soit de 8 heures.

ROBERT estime qu'il est très difficile d'en fixer la journée. Il serait partisan toutefois et suivant les besoins de l'ordre du jour de prendre, le minimum de 8 heures, et si besoin est de faire des séances de nuit.

La proposition de Robert est adoptée à l'unanimité.

Le bureau pour la deuxième journée est ainsi composé :
Président, BOURDOT, de Limoges ;
Assesseurs, ANSALDI, de Marseille ;
      LORTHIOIS, de Roubaix.

La séance est levée à 5 heures 3/4.

Séance du 5 Septembre (*matin*).

La séance est ouverte à 8 heures 1/4.

Le secrétaire-rapporteur donne lecture du procès-verbal de la précédente réunion qui est adopté à l'unanimité.

ROBERT annonce au Congrès qu'il a reçu quatre nouveaux mandats dont deux de l'Union des Plâtriers-Peintres de Saint-Etienne et de la Chambre Syndicale des peintres de Blois, déléguant Craissac, un de la Chambre Syndicale des Peintres de Menton, déléguant Testaud, et un autre de l'Union Syndicale des Peintres d'Orléans, déléguant Bidault, ce qui porte à 40 le nombre des organisations représentées.

DAVID lit le projet de règlement des séances.

Camarades,

Nous croyons que vous ferez œuvre utile au début de vos travaux, en acceptant ces quelques propositions du Comité d'organisation, portant sur un règlement des séances.

ARTICLE PREMIER. — Les séances sont fixées ainsi qu'il suit : 2 séances par jour, et si l'ordre du jour nécessite une ou deux séances de nuit, ce sera aux délégués de l'apprécier.

L'ouverture de la séance du matin aura lieu à huit heures.

Celle de l'après-midi, à deux heures.

ART. 2. — Chaque délégué signera à la fin de chaque séance, sur une feuille de présence.

Les délégués qui n'auront pas signé seront considérés comme absents et portés ainsi au procès-verbal.

ART. 3. — Lorsque les rapports seront établis par les commissions, ils seront déposés sur le bureau.

Les délégués désireux de prendre la parole pour ou contre le projet des commissions ou dans toute autre question, devront faire parvenir leurs noms par écrit au président de séance, tout en faisant savoir dans quel sens ils parleront, pour ou contre.

Le Président classera les inscriptions des deux sortes.

Tous les camarades soutenant la même question parleront à tour de rôle.

Tous les adversaires apportant des modifications écrites seront ensuite entendus. Pour les rapporteurs, il sera accordé le temps nécessaire pour leur permettre de répondre en bloc à toutes les questions posées ou soumises.

ART. 4. — Lorsqu'il s'agira d'une question de principe, les votes auront lieu par appel nominal.

Les délégués qui ont plusieurs mandats déclareront pour chacun la nature du vote affecté.

Le projet de règlement, mis aux voix, est adopté sauf l'article 3, la discussion sur chaque question ayant été ordonnée.

ROBERT donne ensuite lecture du rapport du Conseil Fédéral qui est ainsi conçu :

Rapport du Conseil Fédéral

Aux citoyens Secrétaires et aux Camarades membres des Syndicats de Peinture et Assimilés, fédérés ou non,

Chers Camarades,

Nous venons vous présenter le résumé des travaux et de la propagande accomplis, au nom de la Fédération Nationale, par le Conseil Fédéral, élu au Congrès de Bourges, depuis Septembre 1902, jusque fin juin 1904.

CHOIX DU SIÈGE DU CONGRÈS

Tout d'abord nous vous prions de vous reporter à la page 43 du Compte-rendu du Congrès de Bourges de 1902 et vous y verrez la proposition suivante, déposée par le délégué de Grenoble :

« La Chambre Syndicale des Ouvriers Peintres en Bâtiment de Grenoble
« demande au Congrès que celui-ci porte son choix sur cette ville, pour y tenir
« ses assises en septembre 1904, en raison du dévouement et de la solidarité
« dont elle a toujours fait preuve vis-à-vis des camarades, à quelque corpora-
« tion qu'ils appartiennent ;

« Donne, pour appuyer cette demande, la raison que la région du Sud-Est,
« dont fait partie Marseille, a, plus que jamais, besoin de propagande syndi-
« cale ; que la tenue d'un Congrès dans cette région ne peut qu'avoir d'heureux
« résultats ; que Grenoble est la ville par où passent tous les étrangers, Italiens
« ou Suisses, qui se rendent chaque année au printemps, en France et s'en
« retournent à l'automne ; qu'il importe de montrer aux yeux de ceux encore
« inconscients, que pour le Prolétariat, il n'existe aucune frontière, etc., etc. »

Après discussion, la proposition ne fut pas adoptée ; elle ne fut pas repoussée non plus, par le Congrès qui adopta la proposition transactionnelle suivante :

« Le Congrès de Bourges prenant acte de la proposition de Grenoble, laisse au Conseil Fédéral le soin de choisir la ville où se tiendra le prochain Congrès. »

Depuis Septembre 1902, la Chambre Syndicale de Grenoble voulut bien, à de nombreuses reprises, reformuler la proposition qui n'avait été en somme qu'ajournée. Nous pressentîmes alors les organisations fédérées et presque toutes celles qui répondirent nous demandèrent d'agir au mieux des intérêts de la Fédération.

Le temps passait et nos dévoués camarades de Grenoble se montraient de plus en plus pressants. C'est alors qu'après un échange de lettres où furent déterminées certaines conditions que nous estimons inutiles de reproduire ici, mais qui seront expliquées au Congrès, le Conseil Fédéral, dans sa réunion du

18 Décembre 1903, désigna à l'unanimité de ses membres, la ville de Grenoble comme siège du prochain Congrès.

A vous de dire, chers camarades, s'il y a lieu de regretter cette décision. Quant à nous, nous pensons que la Fédération devait autant par reconnaissance pour les service rendus, par le militantisme, le désintéressement et le dévouement inlassable dont cette organisation faisait continuellement preuve, que pour mettre en contact les syndicats avec une organisation que nous pouvons considérer comme modèle, choisir cette ville de Grenoble, qui, chacun le sait, a été le berceau de la Révolution.

Nous avons immédiatement averti les Syndicats Fédérés de ce choix et à ce sujet, nous avons reçu de nombreuses approbations.

DÉMISSIONS DE SYNDICATS ADHÉRENTS

Nous ne voulons pas nous appesantir sur ce point. Il est cependant juste de faire remarquer que la Chambre Syndicale des Peintres en Bâtiment (Paris) et le Syndicat des Peintres de la Seine, qui, après plusieurs départs et retours, avaient de nouveau apporté leur adhésion, tant au Congrès de Bourges qu'à la Fédération Nationale, crurent devoir se retirer à nouveau de l'organisation centrale, la première pour rallier la Fédération du Bâtiment. Quant au Syndicat des Peintres de la Seine, il est disparu en fusionnant avec la précédente après que ses membres se furent partagés les fonds en caisse.

Il est juste d'ajouter que les camarades Guillot, Buchard et Chambrey, qui étaient venus au Congrès de Bourges, dans des sentiments plutôt hostiles à l'ancien Bureau de la Fédération, furent vite détrompés par les explications avec preuves à l'appui qui leur ont été fournies au Congrès et surent loyalement reconnaître leur erreur en donnant leur vote à l'ancien secrétaire qui fut réélu à l'unanimité; mais ce vote faillit, pour les deux premiers, entraîner leur exclusion de leurs syndicats respectifs et ils n'échappèrent à cette éventualité qu'en donnant leur démission de membres du Conseil Fédéral.

D'autre part, ce n'avait pas été sans un certain étonnement que nous avions vu adhérer au Congrès et en même temps à la Fédération, un syndicat dont on n'avait jamais entendu parler auparavant, ailleurs qu'aux périodes d'élections prud'homales, Ce syndicat, qui avait délégué le citoyen Gonet, conseiller prud'homme, portait le titre de *Groupe indépendant des Peintres du Département de la Seine.*

Cette adhésion que nous n'avions nullement sollicitée devait avoir un mobile dont nous eûmes connaissance à la fin de l'année. C'était l'époque du renouvellement du Conseil des Prud'hommes. Le citoyen Gonet, conseiller sortant, se représentait. Mais d'autre part, et pour essayer d'acquérir une situation plus indépendante et qui puisse lui permettre de consacrer plus de temps au service de la Fédération, le citoyen Robert, secrétaire, posa également sa candidature, laquelle réunit au premier tour 105 voix.

Ce chiffre n'était pas suffisant pour laisser espérer un succès au second tour. Le citoyen Robert se retira de la lutte en invitant ses électeurs à reporter leurs voix sur le nom du citoyen Daligault qui, à ses yeux, présentait plus de garanties que le citoyen Gonet.

C'est depuis ce temps que le Groupe (?) indépendant malgré cinq ou six lettres dont plusieurs, en désespoir de cause, adressées personnellement au citoyen Gonet, ne donna plus signe de vie à la Fédération. Toutes les lettres, sans exception, restèrent sans réponse. Nous en avons conclu que si le Groupe Indépendant ou plutôt le citoyen Gonet, avait adhéré à la Fédération, c'était dans l'espoir que cette dernière patronnerait sa candidature. Il faut dire que bien longtemps avant, le Conseil Fédéral, sur la proposition du citoyen Robert, avait décidé de n'appuyer aucune candidature, quelle qu'elle soit.

LA PROPAGANDE

Après avoir nommé son bureau, le Conseil Fédéral nommé à Bourges décida d'organiser une propagande intensive, tant écrite que parlée, pour amener à la Fédération le plus grand nombre de syndicats qui lui était nécessaire pour faire aboutir les revendications de la corporation. Mais la Fédération n'avait pas d'argent pour envoyer ses propagandistes en province. Le petit nombre de syndicats adhérents à cette époque et surtout la trop faible cotisation de deux francs par mois et par syndicat ne lui permettait pas de distraire quoi que ce soit de son maigre budget, qui suffisait à peine pour les frais indispensables de bureau et de correspondance.

On décida que le secrétaire rédigerait, au fur et à mesure que les ressources lui parviendraient, des circulaires aux syndicats non fédérés pour les inviter à venir rejoindre la Fédération. Ces circulaires, envoyées aux 112 syndicats de peintres et assimilés figurant sur l'Annuaire des Syndicats, ainsi qu'à ceux n'y figurant pas, mais dont on pouvait se procurer l'adresse, ne donnèrent pas, tout d'abord, le résultat qu'on était en droit d'escompter. Cependant petit à petit, le noyau grossissait et on verra plus loin qu'elles produisirent un certain effet, puisque les forces de la Fédération triplèrent depuis le Congrès de Bourges.

Quand nous quittâmes Bourges, le 4 Septembre 1902, quinze organisations adhéraient à la Fédération Nationale. De ces quinze syndicats, il faut nécessairement défalquer la Chambre Syndicale (Paris), le Syndicat des Peintres de la Seine et le Groupe indépendant des Peintres, qui jugèrent à propos de se retirer de la Fédération. Il faut aussi décompter la Chambre Syndicale de « l'Avenir » qui, en conformité d'une décision du Congrès, prit l'initiative de la fusion des Syndicats de Peinture de la Seine, et fusionna avec l'Union Syndicale des Peintres, la plus ancienne des organisations adhérentes à la Fédération, et d'autres syndicats. L'adhésion de la Chambre Syndicale des Ouvriers en Toiles peintes et cirées de Bourges, et celle de l'Union Syndicale des Ouvrières et Ouvriers doreurs de Paris, qui furent effectuées pendant le Congrès, portèrent l'effectif de la Fédération à $15 - 4 + 2 = 13$. Ce chiffre fatidique ne devait pas figurer longtemps comme maximum.

*
* *

Une circulaire lancée au commencement d'octobre 1902 amena l'adhésion des Chambres Syndicales de Béziers, Châteauroux, Niort et Orléans avant la fin de l'année. Un autre appel, envoyé en janvier 1903, appuyé d'un certain nombre de lettres manuscrites, et aussi de l'envoi de la brochure compte-rendu du Congrès de Bourges qui faisait mieux connaître la Fédération, décida les Syndicats de Tarbes, Reims, Montpellier, Brive, Elbeuf et Rouen, qui étaient adhérents au 15 mai au plus tard. Tours suivit de près, mais pendant quelques mois nous ne reçumes plus d'adhésions. Entre temps, le secrétaire était allé donner des conférences à Reims, Roanne, St-Étienne et, sur la gracieuse invitation de la Bourse du Travail, à Grenoble. Au retour il s'arrêta à Mâcon, à Dijon et à Auxerre. Il devait également s'arrêter, à l'aller, à Lyon, pour prendre contact avec les dévoués militants de cette ville : une lettre reçue trop tard empêcha les camarades de le recevoir. Une réunion de propagande fut organisée pour le retour, mais une grave indisposition força le secrétaire à prolonger d'une journée son séjour à Grenoble, ce qui obligea nos collègues de Lyon à faire la réunion sans lui.

A la suite de cette série de conférences arrivaient successivement les adhésions de Perpignan, de Rochefort-sur-Mer et d'Angers.

*
* *

Mais la propagande de la Fédération ne consistait pas seulement à recruter des adhérents nouveaux. Il y avait certaines revendications que le Congrès de Bourges avait expressément recommandé de faire aboutir. Parmi celles-ci et en tout premier lieu venait la question de la suppression de l'emploi du blanc de céruse et de l'assimilation des maladies professionnelles aux accidents du travail. Le Conseil Fédéral pensant qu'il fallait faire compléter le décret Trouillot, réglementant l'emploi du blanc de céruse par une loi, organisa, avec l'aide du Syndicat des Peintres de Paris, de très nombreuses conférences, tant à Paris que dans les départements, pour agiter l'opinion publique et la rendre favorable à la principale réforme inscrite dans les cahiers de revendications du prolétariat de la Peinture et assimilés.

Plus de trois cents conférences furent ainsi faites partout, tant par le citoyen Craissac que par le Secrétaire. Ces conférences assurèrent à la Fédération le concours dévoué de sénateurs, députés, médecins et savants éminents et, ce qui n'est pas à dédaigner, des publicistes connus et des directeurs de grands journaux. Cette propagande amena le Ministre du Commerce, qui avait fait tout son possible pour faire appliquer le décret, mais n'avait pu réussir en raison d'impossibilités matérielles, à déposer un projet de loi prohibant l'emploi de notre poison professionnel. Après d'innombrables démarches auprès des Ministres, Députés, Sénateurs et d'autres personnages influents, ce projet fut voté à la presque unanimité des membres de la Chambre des Députés.

Mais en l'état actuel de la législation, il ne suffit pas qu'un projet soit voté par la Chambre. Pour avoir force de loi, la proposition du Gouvernement doit être ratifiée par le Sénat pour qu'on puisse en exiger l'application. Nous n'avons pas honte de dire que nous n'avons pas réussi à obtenir ce vote, mais nous pouvons ajouter que nous avons fait tout ce qui dépendait de nous pour obtenir un prompt résultat. La campagne de démarches que nous avions faite auprès des députés, nous la recommençâmes auprès des sénateurs. C'est alors que nous connûmes l'énervement des interminables stations dans les antichambres des Ministères et du Sénat. Puis, quand on voulait bien nous recevoir, c'était pour nous congédier avec un peu d'eau bénite de cour.

Rien ne nous découragea. Le sentiment que nous avions de remplir, en même temps que la mission que le Congrès nous avait confiée, un devoir de salubrité et d'hygiène sociales nous soutint jusqu'au bout. Et malgré l'écœurement que nous ressentions, après les fatigantes démarches faites et ne produisant qu'un aléatoire résultat, nous ne cesserons de faire ce que nous considérons comme un devoir sacré, car, en apportant une réelle amélioration à notre santé, ce projet, aussitôt ratifié par le Sénat, détruira dans son germe l'affreuse maladie qui empoisonne actuellement tous les ans des milliers et des milliers d'ouvriers peintres et qui s'appelle le saturnisme.

Nous pourrions, chers camarades, vous entretenir encore longtemps sur ce palpitant sujet ; il nous serait facile de dramatiser notre action. Mais, autant pour ne pas paraître trop immodestes que parce que la place nous est strictement mesurée, nous terminerons cette partie du rapport. Ce que nous n'avons pas encore réussi à obtenir, nous l'obtiendrons certainement, et dans très peu de temps, si les syndicats adhérents à notre Fédération veulent bien nous continuer l'aide précieuse qu'un grand nombre d'entre eux ont bien voulu nous apporter durant le cours de cette longue et pénible campagne.

* *

Mais la propagande ne pouvait pas s'hypnotiser sur un seul sujet, aussi intéressant soit-il. Il fallait, avant tout, pour que la Fédération puisse être entendue, qu'elle fût forte et puissante, et pour cela il était nécessaire que le nombre des organisations adhérentes augmentât.

Les circulaires — peut-être parce que trop fréquentes — ne produisaient plus qu'un effet restreint. Les appels à l'organisation centrale n'amenaient pas ou presque pas d'adhérents. C'est alors que le secrétaire, qui représentait Grenoble à la Fédération des Bourses, sollicita et obtint de cette organisation une longue délégation qui devait durer un mois et lui permettre de visiter douze villes différentes du sud-ouest de la France, aux frais de la Fédération des Bourses, pour expliquer les services du viaticum et de l'office de statistique et de placement organisés par cette institution.

Le Conseil Fédéral, avec une nette compréhension des intérêts de notre Fédération, jugea qu'il était possible, avec un sacrifice relativement léger, de faire d'une pierre deux coups, et il décida qu'au retour de la délégation à lui confiée par la Fédération des Bourses, le secrétaire devrait visiter toutes les villes de quelqu'importance qui se trouveraient sur son chemin. C'est ainsi qu'il expliqua ce qu'était la Fédération, son but, ses moyens et ses avantages dans les villes où les Syndicats de peinture et assimilés n'étaient pas fédérés, constituant ou reconstituant des syndicats là où ils ne fonctionnaient plus. Poitiers, Tulle, Saintes, Angoulême, Moulins, Vierzon, Saint-Amand, Clermont-Ferrand, Limoges, Cognac, Périgueux. etc., etc... Le secrétaire alla aussi porter le salut fédéral et faire une causerie aux camarades fédérés de Tours, Niort, La Rochelle, Rochefort-sur-Mer, Brive, Châteauroux, Bourges, Orléans et Nevers.

Le résultat de cette tournée de conférences fut l'adhésion à la Fédération de Poitiers, Tulle, Saint-Amand et Limoges dont la Chambre syndicale, qui ne fonctionnait plus depuis 3 ans, fut reconstituée de toutes pièces par le secrétaire. On peut être assuré qu'il fit également tout le nécessaire pour fonder des Syndicats dans les autres villes où il est passé, mais il se heurta à la coupable inertie et à la fâcheuse indifférence des membres de la corporation qui ne voulurent pas organiser, lors de son passage dans leur localité, des réunions exclusivement consacrées aux peintres et assimilés et dans lesquelles on aurait pu les grouper en Syndicats.

Entre temps, notre secrétaire, appelé par et aux frais des organisations syndicales ou Bourses du Travail, avait donné des conférences à Reims, Provins, Montluçon, Noisy-le-Sec, Darnétal, Rouen, etc., etc. Dans ces réunions fut exposée l'action syndicale, fédérale et confédérale; si des organisations nouvelles ne vinrent pas s'adjoindre à notre Fédération, l'effet moral fut assez considérable pour la faire connaître, estimer et respecter comme une des plus agissantes. Notre secrétaire, avec d'ailleurs le consentement du Conseil Fédéral, avait présenté sa candidature aux fonctions de trésorier de la Confédération Générale du Travail et avait été élu, ce qui, sans compter l'honneur qui en rejaillissait sur la Fédération, n'a pas été sans influence sur le succès de la propagande qui se continuait par circulaires, appels et correspondances.

Nous ne voudrions pas terminer cette partie du rapport sans déclarer que le Congrès Confédéral de Montpellier, a contribué dans une certaine mesure au renforcement des Fédérations par la mise à exécution de la décision qui porte que, pour être fédéré et confédéré, pour avoir droit d'user du label confédéral, qui est la propriété des syndicats rouges et donne droit au secours de grèves et enfin, pour ne pouvoir être confondu avec les syndicats jaunes, il fallait faire partie de la Fédération Nationale de sa corporation et de la Bourse du Travail de sa localité.

Cette décision, et peut être aussi d'autres raisons, nous amena une certaine quantité d'adhésions nouvelles. (1)

LES GRÈVES

Le 23 juin 1903, le Conseil Fédéral était averti par nos excellents camarades de la Chambre syndicale des peintres et plâtriers de Brives (Corrèze), qu'après toutes les démarches possibles faites par eux auprès des patrons de cette ville en vue d'un relèvement des salaires de famine qu'ils subissaient et considérant qu'il leur était absolument impossible avec un salaire aussi dérisoire — 35 centimes l'heure — de nourrir, entretenir et élever convenablement leurs familles, ils étaient obligé de déclarer la grève. Mais ils ne prirent toutefois cette grave résolution que quand les patrons eurent opposé à leurs réclamations un dédaigneux silence. Leurs revendications étaient 10 centimes de plus à l'heure et d'autres satisfactions relatives au travail de nuit, déplacement, etc.

Le Conseil Fédéral dont le rôle n'est pas de pousser à la grève, mais qui, quand celle-ci est déclarée, doit faire tout ce qui est possible pour la faire réussir, décida tout d'abord de lancer un appel en faveur des grévistes à tous les syndicats de peinture ou assimilés, fédérés ou non. Ces organisations, chacun le sait, ne sont pas riches. Malgré cela, il faut leur rendre cette justice qu'un certain nombre d'entr'elles surent comprendre leur devoir en envoyant quelques subsides — insuffisants, hélas ! — aux camarades en lutte pour la défense de leur morceau de pain.

---

(1) Nous donnons plus loin la liste complète, par ordre d'ancienneté, des Syndicats adhérents à la Fédération à la date du 1er Octobre 1904.

Mais les Brivistes avaient foi en leur cause si juste et l'énergie nécessaire pour la faire triompher. Ils surent s'imposer les plus grands sacrifices et les plus dures privations pour arriver au résultat qu'ils voulaient obtenir : ils l'obtinrent.

La place nous est trop restreinte pour développer comme il le faudrait les phases et les incidents de cette grève qui fait honneur à la vigoureuse énergie des peintres et plâtriers de Brive et aussi à leur véritable compréhension des intérêts syndicaux et fédéraux. Il nous suffira, pour montrer, ce qu'ils sont, de dire qu'après 42 jours de grève et de lutte à outrance — dans laquelle l'action directe fut tant soit peu mise en pratique, — les exploiteurs de Brive capitulaient sur toute la ligne en accordant à nos camarades tout ce qu'ils avaient demandé.

* *

Nos camarades de Rouen étudiaient depuis plusieurs mois un cahier de revendications à présenter au patronat. Aussitôt ces études terminées, ils en soumirent le résultat aux intéressés. Comme toujours, les patrons refusèrent de discuter avec l'organisation syndicale et refusèrent avec un ensemble touchant d'accéder aux revendications de nos collègues.

Nos camarades déclarèrent la grève.

Le Conseil Fédéral lança immédiatement un appel aux syndicats de peinture et assimilés. Mais la grève ne dura pas pour des raisons d'ordre intérieur et d'autonomie syndicale que nous ne croyons pas nécessaire de développer ici. Une transaction intervint au bout de huit jours et les grévistes reprirent le travail avec une augmentation de cinq centimes à l'heure.

Nous ne pouvons que regretter — tout en la comprenant — cette décision hâtive de rentrer à l'atelier. Nous laissons à nos collègues de Rouen, le soin de rechercher s'il n'y aurait pas lieu de clouer au pilori le personnage qui les a pour ainsi dire forcés d'en arriver là, car nous tenons de bonne source que s'ils avaient tenu huit jours de plus, ils auraient obtenu complète satisfaction.

Tel qu'il est, le résultat de cette grève n'en a pas moins été un succès puisque les ouvriers gagnent maintenant cinquante centimes par jour de plus qu'auparavant.

* *

C'est le 12 Avril 1904 que le Syndicat des Ouvriers Peintres de Rochefort, après que plusieurs tentatives de conciliation eurent avorté, fut obligé de déclarer la grève.

A Rochefort, les peintres étaient et sont encore plus exploités qu'à Brive avant la grève. Ils ont un salaire qui varie de 30 à 40 centimes l'heure et on se demande avec une douloureuse stupéfaction, comment peuvent vivre des malheureux, la plupart chargés de famille avec un pareil salaire de famine. 3 francs par jour pour payer la nourriture, le vêtement, le loyer, le chauffage et l'éclairage, sans compter les multiples autres frais de ménage ! On ne vit pas de son travail dans ces conditions . on en crève !

Et voilà pourquoi on voit les plus terribles maladies s'abattre dans le taudis de l'ouvrier peintre qui, en dehors du saturnisme, figure dans une très forte proportion dans la statistique des cas de tuberculose. Les enfants mal nourris, mal vêtus et logés dans des conditions épouvantables d'insalubrité, deviennent et demeurent scrofuleux, rachitiques et sont tout disposés à servir de terrain de culture aux microbes des maladies épidémiques. Bref, la dégénérescence se présente de tous côtés et les pouvoirs publics n'ont l'air de s'en préoccuper que pour envoyer des soldats et des gendarmes, sabrer et fusiller ceux qui demandent un morceau de pain un peu plus gros !

Ah ! si nous voulions !... Mais le sujet nous entraînerait trop loin. Revenons à la grève de Rochefort.

Aussitôt la grève déclarée, le Conseil Fédéral envoya un premier, puis quinze jours ou trois semaines après un second appel aux syndicats fédérés ou non en faveur des grévistes. Ajoutons que dans chaque lettre adressée par le secrétaire aux syndicats adhérents, il était rappelé qu'on ne doit pas se dérober aux devoirs de solidarité.

S'il est utile d'éviter des froissements, il est aussi des choses qu'il faut dire.

C'est avec un profond regret que nous sommes obligés do déclarer qu'un grand nombre de syndicats de Peinture et assimilés, n'ont pas su comprendre et accomplir le devoir de solidarité qui leur incombait en ces douloureuses circonstances. Les secours reçus par nos camarades de Rochefort sont tellement dérisoires que notre plume se refuse à en inscrire le total.

Cependant, malgré les souffrances atroces qu'elle entraîne, cette grève commencée le 12 Avril n'était pas encore terminée le 10 Juin.

Nous savons que les syndicats fédérés peuvent invoquer des excuses plus ou moins valables de leur attitude, Nous connaissons la situation plutôt précaire d'un certain nombre d'entr'eux. On peut aussi arguer que la multiplicité des grèves entraîne pour les militants, de multiples devoirs. Nous n'ignorons pas qu'un certain nombre de nos adhérents peuvent dire et prouver qu'ils ont coopéré de leurs deniers à l'agitation contre les bureaux de placement et envoyé des secours aux travailleurs du Textile en grève pour l'application de la loi de 10 heures ; nous comprenons toutes ces raisons. Mais nous qui ne voulons pas flatter les syndicats fédérés, mais bien leur dire la vérité et les mettre en présence du devoir de solidarité à accomplir, nous leur disons qu'avant de songer à secourir son prochain, c'est-à-dire les membres des autres corporations, il est nécessaire de donner à manger à sa famille, c'est-à-dire aux membres de notre profession qui, escomptant les liens qui doivent unir tous les travailleurs et surtout ceux du même métier, n'hésitent pas à braver la misère pour leur famille et souvent la prison pour eux, afin d'essayer d'arracher au patronat une parcelle des gains scandaleux qu'il effectue sur leur travail.

Nous ne désignerons aucun Syndicat, qu'il ait ou non envoyé des secours à nos camarades. Les uns pourraient, avec quelque raison, estimer qu'en déclarant qu'ils n'ont rien donné on attente à leur autonomie. Les autres, malheureusement trop peu nombreux et dont les noms sont sur toutes les lèvres, pourraient voir leur modestie soumise à une rude épreuve, si on divulguait les nombreux sacrifices qu'ils ont su s'imposer.

Mais le Conseil Fédéral, singulièrement ému d'un pareil état de chose qui dénote une indifférence que nous pourrions presque qualifier de coupable, a longuement discuté cette grave question et le résultat de ses délibérations sera la mise à l'ordre du jour du Congrès de Grenoble de la proposition suivante :

« Dès qu'un Syndicat fédéré ayant rempli les obligations édictées par les « articles 18, 19 et 20 des statuts, se sera déclaré en grève, tous les autres « syndicats fédérés devront imposer à chacun de leurs membres, une cotisation « exceptionnelle, supplémentaire et obligatoire de 25 centimes par semaine.

« Le produit de cette cotisation sera envoyé à la Fédération qui fera le « nécessaire pour le faire parvenir en temps utile aux intéressés.

« Les grèves ne durant pas plus de 8 jours, ne pourront profiter de la cotisa-« tion obligatoire. »

Nous faisons remarquer qu'il est très rare qu'une grève dure plus d'un mois. En supposant qu'il y ait trois grèves par an, ce ne serait jamais qu'une misérable somme de trois francs qui incomberait à chaque fédéré. De cette façon, plus besoins d'appels de secours — auxquels on répond ou non — il suffit de connaître la date du commencement et celle de la fin de la grève.

D'autre part, si le Congrès adopte cette proposition, nous pouvons presque affirmer que toutes les grèves entamées par les Syndicats fédérés recevront une solution satisfaisante. En effet, si nous tablons sur un effectif de mille fédérés, nous trouvons là une ressource nette de 250 francs par semaine. Nous voulons nous tenir dans les probabilités, car si la Fédération compte dans son sein un bien plus grand nombre de membres, nous défalquons les non-valeurs et nous croyons rester dans une limite raisonnable en chiffrant à mille le nombre de nos fédérés conscients et solidaires.

Rappelez-vous bien, chers camarades, que le sacrifice que vous vous imposerez lors d'une grève vous sera rendu au centuple quand vous-mêmes vous vous trouverez en lutte contre vos exploiteurs — ce qui n'est pas à souhaiter. Aussi, ne saurions-nous trop vous recommander de bien étudier cette question et de donner un mandat ferme par oui ou par non à votre délégué au Congrès dé Grenoble. On pourra également amender la proposition, soit en augmentant, soit en diminuant le chiffre de la cotisation obligatoire. Mais il est absolument nécessaire que votre délégué puisse se prononcer en connaissance de cause sur cette grave question d'où dépend, on peut l'affirmer hautement, l'avenir de la Corporation.

Nous ne parlerons que pour mémoire de la grève (?) de Montpellier. En effet, le Secrétaire de la Fédération reçut bien le 28 avril un télégramme annonçant la grève et, le 30 du même mois, une lettre explicative. Mais après cette lettre, à laquelle il fut répondu immédiatement — nous ne reçumes plus aucune nouvelle, ce qui amena le Conseil Fédéral à penser que le conflit n'avait pas duré et que la grève était terminée.

A cette occasion, nous rappelons aux Syndicats fédérés qu'ils doivent, à moins d'un évènement absolument imprévu, ne se déclarer en grève qu'après avoir lu et mis en pratique les articles 18, 19 et 20 des statuts. Le cas de Montpellier est tout à fait suggestif sur ce point. En effet, les camarades de cette ville nous informaient de leur grève au moment même où ils venaient de recevoir un appel de fonds pour Rochefort. On comprendra que si le prolétariat peintre n'est pas suffisamment organisé pour secourir une grève à la fois, il est au moins imprudent — pour ne pas employer un mot plus fort — de déclarer une autre grève quand la première n'est pas terminée.

Nous comptons que nos camarades sauront faire profit de cette observation qui est faite dans leur unique intérêt, car il est bien certain que deux grèves à la fois ont bien des chances d'avorter par la dissémination des secours à accorder aux grévistes.

Nous ne parlerons pas longuement non plus de la magnifique campagne menée avec une si belle énergie par nos camarades de Grenoble. Tous les Syndicats de Peinture et assimilés fédérés ou non ont été mis au courant de l'action engagée par les militants contre les patrons de cette ville, des circulaires expliquant la situation leur ayant été envoyées à plusieurs reprises, circulaires commentées dans quelques articles insérés dans la *Voix du Peuple* ; il suffit de rappeler qu'après la grève des Peintres de Grenoble, de Mars à Mai 1901, les patrons avaient formellement, par écrit et verbalement, promis d'augmenter les salaires des ouvriers quand ceux-ci seraient arrivés à faire réviser, dans le sens d'augmentation, le bordereau de la série des prix de la ville.

Après de nombreuses lettres, pétitions, démarches personnelles auprès des autorités municipales et préfectorales, nos camarades parvinrent à faire augmenter les prix de série et naturellement prièrent les entrepreneurs de mettre en conformité leurs actes avec leurs paroles et leurs écrits en augmentant les salaires.

Non moins naturellement et avec un ensemble que nous serions heureux de rencontrer dans le prolétariat, les patrons refusèrent l'augmentation demandée et promise.

C'est alors que la Chambre Syndicale ouvrière, jugeant qu'une grève à l'entrée de l'hiver pourrait faire du tort à l'organisation, décida de faire une campagne de circulaires, d'affiches, d'articles de journaux et de réunions privées et publiques afin de protester contre la mauvaise foi patronale qui fait bien tirer les marrons du feu par les ouvriers, mais qui prétend aussi les manger sans même leur laisser les miettes.

Les circulaires et surtout la brochure éditée par nos camarades sous les auspices de la Fédération et envoyée par cette dernière à tous les syndicats de peinture et assimilés démontre surabondamment l'ignominie patronale et capitaliste. (1)

---

(1) Les organisations qui n'auraient pas reçu cette intéressante brochure peuvent se la procurer gratuitement en écrivant au Secrétariat de la Chambre Syndicale des Ouvriers Peintres, Bourse du Travail, Grenoble (Isère) ou au citoyen Robert, Secrétaire de la Fédération, 198, faubourg St-Martin, X·
- Il ne sera pas répondu aux demandes individuelles.
Ajouter à la demande un timbre de 15 centimes pour frais de poste.

LE CONSEIL SUPÉRIEUR DU TRAVAIL

Dans le courant de l'année dernière ont eu lieu des élections pour le renouvellement du Conseil Supérieur du Travail. Le Conseil Fédéral n'a pas à donner d'opinion sur cette question qui a été largement traitée dans les Congrès de la Confédération Générale du Travail où, d'ailleurs, les avis étaient partagés sur le plus ou moins d'efficacité de cette institution.

Nous ne nous en serions pas autrement préoccupés si des camarades appartenant à différents syndicats fédérés ne nous avaient priés de faire campagne pour eux auprès des électeurs du 24° groupe. Les citoyens Poirier, d'Orléans, et Craissac, du Syndicat des Peintres de Paris, avaient déjà fait acte de candidature : il pouvait s'en produire d'autres.

Le Conseil Fédéral, après une longue discussion et considérant qu'il ne pouvait soutenir plusieurs candidats pour la même fonction et, d'autre part, qu'il ne pouvait en patronner un au détriment des autres, ce qui aurait infailliblement amené une scission dans la Fédération, décida de laisser les Syndicats entièrement libres de participer comme électeurs ou candidats à cette élection.

Aux demandes de renseignements formulées par les syndicats adhérents, il fut répondu brièvement en donnant les noms des candidats fédérés, sans commentaires. C'était, selon nous, la seule attitude conforme à l'esprit de solidarité et d'impartialité qui doit animer ceux que la confiance de leurs collègues a désignés pour administrer la Fédération.

LE JOURNAL « L'OUVRIER PEINTRE »

A la page 43 du compte-rendu du Congrès de Bourges figure une proposition de la Chambre Syndicale de Grenoble, adoptée par l'unanimité des Congressistes. Cette proposition se termine ainsi :

« La Chambre Syndicale de Grenoble demande en outre que toute latitude
« et pleins pouvoirs soient laissés au Conseil Fédéral pour étudier les moyens
« de faire reparaître le journal l'*Ouvrier Peintre* (article 11 des statuts) au moins
« une fois par mois. »

Si le prolétariat de toutes les corporations était suffisamment conscient et organisé pour accomplir le léger effort nécessaire pour rendre la *Voix du Peuple* quotidienne, nous ne viendrions pas aujourd'hui vous parler d'un organe spécial à notre corporation. Si la *Voix du Peuple* paraissait tous les jours et que les militants et les syndiqués l'achètent au lieu de porter leur sou journalier aux journaux bourgeois tels que le *Petit Journal*, le *Petit Parisien*, et même d'autres à prétentions socialistes, dont il serait trop long de faire l'énumération et dont tout le socialisme consiste à essayer de diviser le prolétariat organisé tout en abrutissant les masses, il n'y aurait aucun besoin de créer des journaux professionnels, car tous les faits intéressant chaque corporation pourraient être insérés dans le journal syndicaliste et tenir chacun de nos camarades au courant des incidents qui se manifestent dans leur spécialité.

Il n'en est malheureusement pas ainsi. Pour des raisons que nous n'avons pas à rechercher ici, la *Voix du Peuple* ne paraît qu'hebdomadairement et il est matériellement impossible, en présence de la multiplicité des faits généraux intéressant le prolétariat mondial, d'y faire paraître une rubrique spéciale à chaque corporation. C'est pourquoi le Conseil Fédéral, en conformité des articles 11 et 23 des statuts, s'est sérieusement préoccupé de la réapparition de l'organe corporatif et a cherché tous les moyens possibles pour assurer sa vitalité et sa régulière continuité.

Le résultat de ces discussions très laborieuses a été qu'il ne fallait pas compter sur des bonnes volontés individuelles pour faire vivre notre organe. Quelques militants se sont bien déclarés prêts à faire de gros sacrifices pour aider à sa propagation, mais ces camarades ne sont pas riches et si, dans un beau mouvement d'enthousiasme et sous l'impression d'un acte révoltant, soit du patronat, soit des pouvoirs publics, ils promettaient de s'imposer de lourdes charges pour donner la publicité nécessaire à ces actes, rien ne prouve que ces sacrifices continueraient une fois la période d'effervescence passée. Il arriverait alors fatalement que l'*Ouvrier Peintre* qui, dans une première apparition et en raison de sacrifices que surent s'imposer les quelques militants de sa Commission de rédaction, ne put dépasser le quinzième numéro, serait dans une situation continuellement précaire et, il est plus que probable, appelé à disparaître de nouveau.

C'est à cette éventualité qu'il faut parer. Nous avons pensé que si l'*Ouvrier Peintre* était nécessaire, car il n'est pas pour la corporation le meilleur outil de défense de nos intérêts professionnels et de nos salaires, notre organe ne devait plus être exposé, faute de fonds, à subir une nouvelle disparition.

. .

Avant d'aller plus loin, nous allons essayer de démontrer très rapidement quelques avantages de la publication régulière et périodique du journal corporatif. Tout d'abord — et on serait mal venu de dire que c'est l'effet du hasard — il est un fait indéniable à constater, c'est que, tant que l'*Ouvrier Peintre* vécut, aucun entrepreneur de peinture, aussi bien en province qu'à Paris, n'osa diminuer les salaires. De plus, les conditions du travail étaient sensiblement meilleures qu'aujourd'hui. Pourquoi cela.

Parce que notre organe s'était donné pour mission de dénoncer tous les abus patronaux dont il pouvait avoir connaissance, et qu'il savait rechercher tous les moyens de remplir le devoir qui lui incombait.

Pour nos camarades qui, pour une raison ou une autre n'auraient pu avoir connaissance de la première série de l'*Ouvrier Peintre*, nous allons dire en deux mots ce qu'il était, et ce qu'il entend redevenir.

Notre organe doit être le lien qui réunit entr'eux tous nos collègues fédérés. Il donnera connaissance de ce qui se passe au sein de la Fédération et de ce que trament les patrons contre nos organisations syndicales fédérées. Les grèves, mises-bas, lock-out, seront fidèlement relatées, ainsi que tout ce qui peut intéresser la corporation. On pourra aussi faire des études critiques sur les méthodes du travail de la peinture aussi bien, d'ailleurs, que sur les idées syndicales et coopératives. Il résumera d'autre part les procès-verbaux du Conseil Fédéral, de façon que tous les fédérés puissent connaître comment on gère les intérêts corporatifs et fédéraux.

Mais il est une question d'extrême importance que nous devons envisager et qui, à elle seule, justifierait tous les sacrifices qu'il sera nécessaire de s'imposer pour faire vivre le journal : c'est la question des mal-façons.

Tous nos collègues savent que si nous chômons autant de temps, même l'été, c'est parce que les patrons, pour se rattrapper des gros rabais qu'ils consentent lors des adjudications, nous forcent à commettre des mal-façons en supprimant la moitié ou les trois quarts du travail qu'on leur a confié. Nous parlons plus loin des mal-façons et nous n'en dirons pas plus pour l'instant ici. Mais si nos camarades avaient un moyen de faire rendre gorge à nos exploiteurs, sans courir eux-mêmes le risque de perdre leur place et, par conséquent, leur pain, peut-être se décideraient-ils à dénoncer aux gérants, architectes ou autres qui font exécuter des travaux les mal façons qu'on les force à commettre.

Ce moyen est tout trouvé. Si l'*Ouvrier Peintre* reparaît, il suffira de nous envoyer une note timbrée de la Chambre syndicale, bien entendu, pour en garantir l'authenticité. Cette note, qui devra être signée par son auteur, contiendra les abus, vexations patronales et surtout les mal-façons.

Nous ne divulguerons aucun nom, à moins d'y être autorisé par le signataire. S'il s'agit d'une question de mal-façons, il sera loisible de faire parvenir un ou plusieurs exemplaires du journal au propriétaire victime qui pourra alors juger de la probité de son entrepreneur qui, plus tard, y regarderait à deux fois avant de supprimer le travail et comme conséquence, créer le chômage continuel dont nous souffrons tellement que si cela continue, on ne travaillera plus, dans la corporation, que trois ou quatre fois par an.

Ce motif seul, nous le répétons, suffirait à justifier l'existence de notre journal.

Il y en a bien d'autres. Les appels de grèves, ainsi que les souscriptions pour les grévistes y seraient insérés en bonne place. Les circulaires diverses de propagande y trouvaient également leur place, ainsi qu'une foule d'autres renseignements utiles à la corporation.

C'est pour ces raisons que le Conseil Fédéral tout en laissant les syndicats libres de déposer telle ou telle proposition au Congrès de Grenoble, émet l'avis que les syndicats doivent s'abonner pour autant d'exemplaires qu'ils ont de syndiqués payants, bien entendu.

٭
٭ ٭

Pour que le journal puisse vivre avec ses propres ressources, il faut qu'il ait une recette *minimum* de 100 francs par numéro. Si on tient compte des aléas, en vendant le journal 5 centimes aux fédérés, il faudrait un chiffre d'au moins 2.000 abonnés. Et encore, dans ces conditions, le service d'envoi à chaque syndiqué devrait être fait par le Secrétaire ou un autre camarade de chaque syndicat à qui on enverrait le nombre d'exemplaires voulu par colis postal.

Il y a bien les abonnements individuels à 2 francs par an qui pourraient être servis par la Fédération et laisseraient un très léger bénéfice. Mais ce bénéfice serait absorbé et au-delà par la confection des bandes, les frais de poste et surtout les envois gratuits et obligatoires d'au moins cent numéros chaque fois, pour échanger.

Pour nous résumer, nous disons que pour équilib... normalement les recettes et dépenses du journal, il est nécessaire d'établir un budget donnant 100 francs par mois. L'élasticité que peut avoir un semblable budget aiderait à supporter les dépenses imprévues qui sont plus nombreuses et fréquentes qu'on ne pourrait se l'imaginer. Nous demandons donc aux Syndicats, ceux fédérés surtout, d'étudier attentivement cette question et, au besoin, d'établir un rapport qui sera étudié au Congrès.

De toutes façons, il est indispensable qu'on prenne une résolution définitive sur cet objet à Grenoble. Le Conseil Fédéral ne peut pas continuer à discuter dans le vide la question du journal qui est tellement complexe qu'elle ne peut, selon nous, être solutionnée que par le Congrès et nous sommes certains que le prolétariat de la peinture, réuni dans ses assises, saura prendre une résolution virile qui sauvegardera l'intérêt de notre corporation.

ORDRE DU JOUR DU CONGRÈS

1. *Modifications aux statuts.*

Article 8 ancien. — La Caisse de la Fédération Nationale est alimentée par une cotisation mensuelle de 2 francs par chaque syndicat adhérent.

Article 8 proposé. — *La Caisse de la Fédération Nationale est alimentée par une cotisation mensuelle de 5 centimes par membre payant de chaque Syndicat, sans toutefois que la cotisation mensuelle puisse descendre au-dessous de 2 francs par syndicat ni être supérieure à 40 francs.*

Dans les localités où il n'y aurait pas de syndicat de la corporation ou dont le syndicat n'adhérerait pas à la Fédértion, il pourra être fait des adhésions individuelles. En ce cas les adhérents jouiront de tous les bénéfices de la Fédération en versant une cotisation trimestrielle de 2 francs payable d'avance.

Quand, dans la même localité, le nombre des adhérents individuels aura atteint le nombre de 10, la Fédération devra s'occuper de les grouper en syndicat, qui prendrait alors rang parmi les syndicats fédérés.

Au congrès de Bourges (page 43 du Compte-rendu), la Chambre Syndicale de Grenoble a déposé deux propositions qui furent adoptées à l'unanimité, et nous donnons les passages intéressant l'article 8 :

« 1° Demande au Congrès que pour la bonne organisation et le bon fonc-
« tionnement de la Fédération, la cotisation mensuelle des syndicats y adhé-
« rents soit élevée progressivement, si l'on ne peut faire autrement ; que le ma-
« ximum atteint ne pourra dépasser, à moins de cas de force majeure, 5 cen-
« times par membre des organisations affiliées et par mois

. . . .

« 2° La Chambre syndicale des ouvriers peintres en bâtiments de Grenoble

« demande au Congrès de laisser pleins pouvoirs au Conseil fédéral pour étu-
« dier et déposer un rapport circonstancié à ce sujet, suivant le nombre des
« syndicats adhérents, de l'utilité qu'il y aurait d'avoir, comme dans beaucoup
« d'autres Fédérations, un secrétaire appointé qui serait chargé, avec l'appro-
« bation du Conseil Fédéral, de tous les travaux qui incombent à la Fédération,
« tels que correspondance, délégations, travaux de bureau, formation de syndi-
« cats, voyages de propagande, publicité, etc., etc.

« Et compte sur l'esprit de prévoyance, pour l'intérêt majeur de la Fédéra-
« tion, donc de la Corporation tout entière, des membres du Congrès pour
« accepter et adopter cette demande nécessaire pour assurer la parfaite et
« bonne organisation de la Fédération. »

Ces deux propositions, nous le répétons, furent adoptées à l'unanimité des
Congressistes qui comprenaient fort bien que pour avoir le droit d'exiger un
travail sérieux et suivi du secrétaire, pour qu'on puisse lui commander de faire
tout le travail fédéral et enfin pour qu'à tout instant il puisse se déranger pour
aller en délégation ou faire des tournées de propagande, il faudrait lui assurer
le pain quotidien, étant donné qu'à Paris comme ailleurs il n'est pas un patron qui voudrait occuper à demeure un ouvrier que ses fonctions obligent à
quitter son travail au milieu de la journée pour aller en délégation ou écrire
une correspondance urgente, ou même le quitter pour plusieurs jours à la fois
afin de faire une tournée de propagande.

Tant que la Fédération ne fut composée que d'un nombre restreint de syndicats, adhérents, le travail se fit tant bien que mal. Le secrétaire, en y consacrant toutes ses soirées et ses dimanches de repos, put arriver à faire l'indispensable et rien ne souffrit. Mais, au fur et à mesure leur nombre grandit, et
de 13 qu'ils étaient à l'issue du Congrès, les syndicats adhérents sont aujourd'hui
le triple.

Ce n'est certes pas nous qui nous en plaindrons, mais nous sommes forcés de
constater que le dévouement d'un secrétaire, aussi militant soit-il, a des bornes
qui sont limitées par le besoin de gagner sa vie. Il y a en ce moment à la
Fédération une besogne qui ne nécessite pas moins de 8 heures de présence
effective au bureau par jour, et cela ne pouvant qu'augmenter, la conclusion
s'impose d'elle-même.

En dehors du travail du bureau, il faut compter les nombreuses délégations
à remplir, les réunions du Syndicat, de la Fédération, de la Confédération et
des diverses Commissions, les concours demandés par les syndicats de peinture
ou autres et auxquels il est très difficile de se dérober.

Tous ces travaux nécessitent encore une moyenne de 3 à 4 heures par jour,
ou plutôt par nuit et il nous a fallu, en présence de ce surcroît de travail, faire
appel au dévouement de notre secrétaire en lui faisant entrevoir que la situation allait changer après le Congrès et que le Conseil Fédéral appuierait de
toutes ses forces la proposition de lui allouer une indemnité suffisante pour vivre.
Le secrétaire accepta cette solution.

Constatons en passant que, depuis le 15 Mai jusqu'à l'ouverture de ce Congrès, le secrétaire n'a pu et ne pourra travailler de notre profession et que, quoi-
que aucun salaire ne lui ait été alloué, il n'en a pas moins assuré le service fédéral sans rien négliger et à notre entière satisfaction.

D'autre part, vous estimerez comme nous qu'un syndicat comptant de 15 à 20
membres ne peut et ne doit payer autant qu'un autre en comptant 400 et quelquefois plus. Les ressources de l'un ne sont certainement pas comparables à
celles de l'autre. Nous avons, en outre, pensé qu'en fixant à 2 francs la cotisation minimum, nous engagerions les petits syndicats à faire la propagande
nécessaire pour monter au moins au chiffre de 40 membres ; la Fédération aidera
de toutes ses forces à cette propagande.

**

Nous avons reçu bien souvent des lettres de camarades, quelquefois excellents militants, de villes où il n'y avait pas de syndicats. Ces camarades, pour
une raison ou une autre, empêchés de créer une organisation, auraient tout de
même désiré faire partie du prolétariat organisé.

Le Conseil Fédéral, après avoir étudié la question, a estimé que les miliiants d'une ville où il n'y a pas de syndicat de la corporation ou, s'il y en a un, qui ne serait pas adhérent à notre Fédération, devraient pouvoir se rattacher individuellement à cette dernière. Toutefois, pour ne pas qu'il y ait d'abus en la circonstance, il a décidé que les cotisations seraient plus élevées et ne sauraient être moindres de 2 fr. par trimestre.

Il est incontestable qu'une adhésion individuelle est un jalon fédéral planté dans la ville où elle se produit. De la correspondance qui se produira certainement à ce sujet, il ressortira presque certainement et au bout de très peu de temps, la constitution d'un nouveau syndicat.

Il y a aussi des syndicats qui n'existent plus que par leur bureau et qui, par conséquent, ne paient plus leurs cotisations mensuelles. Les membres de ces syndicats, si la proposition est adoptée et s'ils veulent profiter des avantages de la Fédération, devront payer leurs quotités individuelles par trimestre, ce qu'ils ne font pas maintenant.

Un dernier mot sur l'élévation du prix des cotisations. Nous serons encore, si la proposition du Conseil fédéral est adoptée, la Fédération où les cotisations sont les moins élevées. Les Métallurgistes paient 20 centimes par mois et par membre, ainsi que les Cuirs et peaux, l'Alimentation, les Mécaniciens, les Mouleurs, la Bijouterie, etc.; nous ne parlons pas, et pour cause, de la Fédération du Livre dont les adhérents paient une cotisation individuelle de 2 fr. 50 par mois. Toutes les Fédérations paient une cotisation bien supérieure à celle que nous vous demandons d'adopter. Il est donc indispensable que les délégués arrivent au Congrès dûment mandatés sur les points suivants :

1° Etes-vous partisans de la rédaction nouvelle de l'article 8 des statuts portant la cotiation à 5 centimes par mois et par membre?

2° Etes-vous d'avis, pour les raisons exposées plus haut, qu'il y a lieu d'appointer selon les ressources nouvelles de la Fédération, un secrétaire permanent?

3° La Fédération peut-elle accepter les adhésions individuelles?

Nous avons parlé plus haut du journal l'*Ouvrier Peintre* et soumis l'avis que les syndicats devraient s'abonner pour autant de numéros qu'ils ont de syndiqués *payants*. Le Conseil Fédéral et la Commission qui sera nommée pour rédiger et administrer le journal ne pourront considérer comme responsable du paiement que le Syndicat, c'est donc à ce dernier seul qu'ils auraient affaire.

Si tous nos fédérés savent comprendre leur devoir et que nous puissions compter sur un chiffre de 2,000 à 2.500 abonnements, le journal pourra être laissé à 5 centimes. Si nous ne dépassons pas mille, il nous sera impossible de le céder à moins de 10 centimes et encore faudra-t-il que les secrétaires de syndicats se chargent de la distribution à domicile. Comme il est très juste que le syndicat cherche à rentrer dans ses déboursés, nous avons pensé au Conseil Fédéral qu'il y aurait peut-être un moyen à employer. Ce moyen consiste à élever la cotisation mensuelle de 5 ou 10 centimes, selon le cas. De cette façon, les recettes des organisations n'auraient pas à souffrir d'un surcroit de dépenses.

Nous donnons ce moyen pour ce qu'il vaut, ne voulant aucunement prétendre qu'il n'y en a pas de meilleur à employer. Il est incontestable que tous les vrais syndiqués tiendront à honneur de coopérer, par cette faible somme, à l'émancipation ouvrière dans leur corporation et qu'aucun ne rechignera à cotiser 2 sous de plus par mois.

La Chambre Syndicale des Peintres de lettres et d'attributs (Paris) soumet aux délibérations du Congrès les propositions suivantes :

1° Suppression absolue de l'emploi de toutes les couleurs nuisibles.

2° La limitation du nombre des apprentis dans la corporation.

Pour la première proposition, elle a déjà discutée dans les Congrès antérieurs à l'occasion de l'interdiction du blanc de céruse. C'est pourquoi il était nécessaire de dire que l'action de la Fédération ne devait pas se cantonner exclusivement sur le blanc de céruse.

Nous sommes privilégiés, si on peut s'exprimer ainsi, pour la quantité de produits toxiques qu'on nous force à employer. Les chromos, les vermillons français ou étrangers, les oranges, les verts et une foule d'autres produits, à base de plomb, de fuschine, d'aniline, de cuivre ou de mercure sont autant de poisons qui nous entrent dans l'organisme et dont il est indispensable de nous débarrasser.

Si, jusqu'à ce jour, l'action fédérale a été plutôt circonscrite dans la lutte contre le blanc de céruse, c'est que ce dernier produit est le plus meurtrier et le plus communément employé, c'est aussi qu'en sériant les efforts, on peut arriver plus facilement à obtenir satisfaction. Mais une fois la porte ouverte par la loi contre la céruse, tous les autres produits y passeront, aussi bien les couleurs que les huiles frelatées, les siccatifs, les essences et les vernis. Il est donc nécessaire que cette question revienne au Congrès de Grenoble.

⁂

La deuxième question proposée par nos camarades peintres de lettres est plus complexe qu'elle n'en a l'air. Avec les progrès du machinisme tous les travailleurs que la machine jette sur le pavé essayent, et personne ne peut les en blâmer, de s'embaucher dans les industries, telle que la nôtre, où il semble que la machine ne concurrence pas les bras des ouvriers.

Nous sommes cependant des victimes du machinisme mais aussi et surtout de la surproduction. Il y a une trentaine d'années toutes les couleurs, et même la céruse et le blanc de zinc étaient broyées, l'hiver, à l'atelier. Le patron conservait son personnel à broyer, peindre les échelles, les camions et les tréteaux, faire du mastic, etc., de façon qu'il n'y avait pas ou presque pas de chômage. Que voyons-nous maintenant ? Tous les entrepreneurs de peinture ont des machines à broyer la couleur ou, mieux, la font venir des fabriques toute broyée ?

Il résulte de cet état de choses qu'il n'y a guère d'ouvriers peintres qui puissent se flatter d'avoir une place stable dans un atelier. Les patrons, l'hiver, ne conservent pas plus du dixième du nombre d'ouvriers qu'ils occupent l'été, tandis qu'auparavant les trois quarts au moins des ouvriers employés dans la bonne saison étaient assurés de travailler pendant la mauvaise.

Si la question des apprentis est complexe, elle est aussi des plus importantes. Elle se présente sous plusieurs faces et la principale est le grand nombre de jeunes gens qui veulent être peintres. Les malheureux, attirés par le chatoiement des couleurs, croient faire une belle affaire parce qu'ils ont vu des ouvriers peindre une devanture, faire des filets, des lettres ou du décor; ils ont vu le beau côté de la médaille. Mais ils en sont bientôt revenus quand ils voient qu'on leur fait traîner la voiture à bras toute la journée, balayer les bâtiments neufs ou encore lessiver à la potasse les cuisines graisseuses, les logements à punaises et les infects cabinets d'aisances. Les patrons, roublards, embauchent des apprentis pour leur faire remplir les fonctions d'hommes de peine et ils les paient de 10 à 20 sous par jour, au lieu de 4 et 5 francs.

Si on envisage la question d'un autre côté, on contaste que l'apprentissage est devenu un mode d'exploitation intensive et qu'au bout de la période déterminée pour connaître son métier, le jeune homme n'a rien ou presque rien appris. Aussi, ne saurions-nous mieux faire que de reproduire les motifs énoncés par la Chambre Syndicale des Peintres de Lettres et d'Attributs, qui s'exprime ainsi :

« Cette limitation (du nombre des apprentis) s'impose, étant donné la façon
« dont on recrute les apprentis ; certaines maisons, ne possédant qu'un petit
« nombre d'ouvriers, ont une grande quantité d'apprentis auxquels on n'apprend
« pas leur métier et dont on tire le plus de profits possible en ne le urfaisant faire
« que ce qui rapporte au patron. Résultat : des jeunes gens qui terminent leur
« apprentissage dans des conditions qui leur seront préjudiciables pour l'avenir
« et encombrent le marché du travail faisant, qu'ils le veuillent ou non, du tort
« à leurs camarades. »

On voit qu'il faut que le Congrès s'occupe très sérieusement de cette question et qu'il prenne les mesures nécessaires pour essayer d'y porter remède,

Nos camarades Peintres de Lettres d'Attributs demandaient aussi de mettre à l'ordre du jour la question de la « Diminution des remises consenties aux entrepreneurs de peinture par les patrons peintres de lettrés ».

Après étude, le Conseil Fédéral n'a pas crû devoir faire figurer cette question à l'ordre du jour du Congrès. Elle est d'ailleurs traitée d'une façon beaucoup plus large dans le programme de nos revendications et se lie intimement à la question de suppression des adjudications et à l'interdiction du marchandage.

Nous avons toujours déclaré que le système actuel des adjudications entraînait forcément à sa suite la baisse des salaires, la surproduction et, en conséquence, le chômage. La législation actuelle protégeant les adjudications, tout ce que nous pourrons faire sera d'essayer, en pesant sur les pouvoirs publics de faire introduire dans la loi les clauses protégeant *efficacement* les travailleurs et surtout un minimum de salaire.

La Chambre syndicale des Ouvriers Peintres d'Angers demande la mise à l'ordre du jour de la proposition suivante :

« Création de Fédérations régionales de Syndicats de Peinture, rattachées « à la Fédération Nationale. »

Le Conseil Fédéral ne voit aucun inconvénient à ce que cette question soit discutée, étant bien entendu que les organisations syndicales n'auraient aucune charge supplémentaire à supporter du fait de leur adhésion à leur Fédération régionale. En effet, en l'état actuel de l'Unité Ouvrière, les Syndicats, pour être confédérés, doivent adhérer à leur Fédération Nationale, à la Bourse du Travail de leur localité. Ils sont obligés de coopérer aux dépenses de ces organismes par des cotisations mensuelles qui, dans une certaine mesure, grèvent leur budget et il ne serait peut-être pas de bonne tactique de les obliger à une multiplicité de cotisations.

Les Camarades d'Angers, qui seront représentés au Congrès donneront d'ailleurs toutes les explications nécessaires à leurs collègues des autres villes.

La Chambre syndicale des ouvriers Peintres en Bâtiments de Grenoble demande la mise à l'ordre du jour du Congrès de plusieurs propositions :

1° *Modifications aux statuts ; 2° l'Ouvrier Peintre.*

Nous avons parlé plus haut de ces deux propositions.

3° *Réglementation de l'apprentissage*, dont nous avons également parlé à l'occasion de la proposition de la Chambre syndicale des peintres de lettres et d'attributs.

4° *Mesures à prendre contre le chômage.*

Le Conseil Fédéral trouve cette proposition très urgente et arrivant à son heure. Il y a de nombreux moyens de parer au chômage dont nous sommes continuellement victimes. Les principaux sont la suppression du travail aux pièces et du marchandage, la surveillance rigoureuse et la dénonciation des mal façons et, en tout premier lieu, la diminution de la durée de la journée de travail.

Il est certain que le travail aux pièces cause un grand préjudice aux ouvriers, non seulement de notre corporation, mais de toutes les autres. Pour gagner un peu plus ou avoir terminé plus tôt sa tâche, l'ouvrier se crève et plus tard quand le patron lui retire le travail aux pièces, il lui impose une tâche aussi forte à la journée, ce qui occasionne que ce qu'on doit normalement faire de travail en deux jours, on est obligé de le faire plus tard en une seule journée.

Le marchandage, c'est autre chose. Le patron confie une partie des travaux à un ouvrier qui devient alors marchandeur. Celui-ci embauche une équipe de ses anciens collègues et les exploite encore plus indignement que le patron. D'où surproduction et comme conséquence plus long chômage.

Sur la question des malfaçons, il n'est pas un ouvrier peintre, même le plus conscient, qui ne se soit rendu complice du patronat. On ne réfléchit pas, au moment où le patron vous dit qu'il vous donnera un léger pourboire si vous pouvez arriver à faire sauter une couche sur deux, qu'on supprime. la moitié du travail sans autre bénéfice que quelques sous qui, la plupart du temps, ne rentrent même pas dans le budget du ménage. Pendant ce temps, des ouvriers chôment alors qu'ils auraient travaillé si on avait exécuté le travail dans de bonnes conditions. Il faut donc signaler impitoyablement, aux propriétaires, gérants, architectes ou autres personnes qui font exécuter des travaux de peinture les malfaçons que le patron ou contre-maître vous a commandées.

Il est, à ce sujet, un préjugé dont il ne faut pas que nos camarades tiennent compte, et qui consisterait à craindre de passer pour un délateur, en dénonçant les malfaçons. Quand un ouvrier voit le patron, de parti pris, supprimer de l'ouvrage, il doit se dire qu'il est victime d'un vol de salaires à toucher par lui ou ses camarades. N'est jamais considéré comme un délateur celui qui a été volé et qui porte plainte.

Le cas est identique, et nous ne voyons pas quelqu'un s'élevant contre celui qui, par le seul moyen à sa disposition, défend son pain, celui de sa famille et de ses camarades.

Nous répétons, d'ailleurs, que le journal l'*Ouvrier Peintre* sera surtout destiné à dévoiler tous les abus qui se passent contre nous et les camarades qui enverront des faits quelconques, peuvent être assurés que leurs noms ne seront pas connus.

5° *Les lois sur l'hygène et la salubrité publiques.*

Il existe un grand besoin de nouvelles lois sur l'hygiène et la salubrité. Nous devons cependant dire que si les lois et règlements actuels étaient strictement appliqués, aucun ouvrier du bâtiment et surtout aucun ouvrier peintre ne chômerait. Si l'on voulait rendre salubres les taudis dans lesquels est obligée de se loger la classe ouvrière, la plupart des maisons de Paris et de la province seraient à démolir. Si on faisait une loi pour imposer partout le Tout-à-l'Egout, on verrait s'exécuter d'immenses travaux qui permettraient à l'ouvrier de gagner largement sa vie. C'est pourquoi le Congrès devra sérieusement rechercher les moyens de faire appliquer les lois et règlements actuels et, s'ils ne sont pas suffisants, d'en provoquer d'autres.

6° *Etude d'un projet de statuts uniformes pour les organisations fédérées.*

Il serait très utile que le Congrès puisse élaborer des statuts généraux pour tous les syndicats appartenant à la Fédération. L'ordre du jour étant très chargé, tout en appuyant la proposition de Grenoble, le Conseil Fédéral demandera que ce projet lui soit renvoyé, non pour en discuter l'utilité qui est incontestable, mais pour préparer la rédaction desdits statuts qui seraient alors proposés au prochain Congrès ou, s'il était possible d'aboutir plus vite que nous ne le pensons, soumis aux syndicats fédérés par voie de referendum.

L'Union Syndicale des ouvriers et ouvrières doreurs sur bois, de Paris, nous a fait parvenir plusieurs propositions d'ordre général qui se trouvent commentées dans le corps de ce rapport, et quelques autres intéressant spécia'ement la corporation des doreurs. Ces dernières ne pourraient, par conséquent, être bien expliquées que par un camarade de cette corporation.

Nous nous abstiendrons donc d'autant plus de les commenter qu'il est probable que l'Union syndicale des doreurs sera représentée à Grenoble par un de ses membres qui développera ces questions avec toute l'ampleur et la compétence voulue.

CONCLUSION

Quelle que soit la longueur de ce rapport, le Conseil Fédéral serait très heureux que tous les membres des syndicats fédérés ou non, en aient connaissance par une lecture en assemblée générale. Certes, notre amour propre d'auteur n'est pas, et ne peut pas être en jeu. Et si nous avons essayé de faire notre mieux, nous n'avons pas, et pour cause, de prétentions littéraires. Nous avons essayé d'être le plus clair possible, tout en souhaitant faire partager à ceux qui nous liront ou entendront lire, les convictions syndicalistes et révolutionnaires qui nous animent.

Ce qu'au Conseil Fédéral nous recherchons surtout, c'est de faire de notre Fédération une organisation modèle. Nous savons que, n'étant pas louis d'or, nous ne pouvons plaire à tout le monde. Nous pensons cependant avoir rempli tout notre devoir, et, dans la mesure de nos faibles moyens, coopéré pour notre part, à la lutte si ardente qu'a entamée depuis quelques années contre le patronat et tous les pouvoirs d'oppression, la **Confédération Générale du Travail.**

Ah ! certes, la partie n'est pas gagnée encore ! Il nous faudra de nouveaux efforts et de nouveaux sacrifices pour arriver sinon à l'émancipation intégrale, but de nos aspirations, du moins à une amélioration assez palpable de notre sort pour qu'on ne puisse plus voir des travailleurs mourir de faim, quand il y a des denrées à profusion ; être mal vêtus et mal chaussés, tandis que les magasins regorgent de vêtements et de chaussures ; être logés dans des taudis infects et remplis de miasmes quand les bourgeois préfèrent laisser les appartements vacants plutôt que de les louer à un prix en proportion avec les ressources de l'ouvrier.

Mais pour que nous puissions essayer d'achever la tâche que nous avons assumée, il faut nous aider et nous encourager à la lutte. Pour montrer que vous êtes en communion d'idées avec votre Conseil Fédéral, il faut venir au Congrès de Grenoble qui sera le plus important des Congrès de Syndicats de peinture qui aient jamais eu lieu.

L'instant est critique. Du nombre de délégués qui assisteront à nos assises dépendra certainement la mise à exécution des décisions qui y seront prises.

Sachez-donc, s'il est nécessaire, vous imposer un sacrifice, afin que les membres de votre organisation syndicale puissent dans quelques années dire, nous pouvons ajouter avec fierté : Nous étions représentés au Congrès de Grenoble !

Vous reviendrez donc, chers camarades, vous retremper dans cette ville, berceau de la Révolution, en faisant connaissance avec les militants de la Chambre Syndicale de Grenoble, dont les convictions sincères et la parole ardente vous donneront de nouvelles forces pour continuer la lutte contre le Capitalisme, la Bourgeoisie et le Patronat exploiteur !

Vive la Fédération Nationale !

Pour le Conseil Fédéral :

Le Secrétaire-rapporteur,

Léon ROBERT.

Le Rapport du Conseil Fédéral mis aux voix est adopté à l'unanimité.

Robert donne ensuite lecture du Rapport de la Commission de Contrôle.

David demande à Robert des explications sur le remplacement de quelques membres de la Commission de contrôle.

Robert répond que ces camarades n'assistant pas régulièrement aux réunions, le Comité Fédéral fut mis dans l'obligation de pourvoir à leur remplacement; sur 5 membres composant la Commission, un seul assistait à quelques réunions.

De même qu'au Comité Fédéral, à part Bidault et Bourset, les autres ont leur présence aux réunions du Comité très éloignée.

Craissac réplique à Robert que ses absences ont eu pour motif, ses tournées de propagande pour la suppression du blanc de céruse, il croit que le Congrès voudra bien, en raison de ce fait, l'en excuser.

Robert dit à Craissac que le Comité Fédéral avait envisagé ces motifs, et comme preuve qu'exception est faite pour lui, c'est qu'il est à nouveau présenté comme candidat à ces fonctions.

TESTAUD désirerait savoir au sujet du rapport de la Commission de contrôle, si, en adoptant en bloc, on adopte aussi la suppression des fonctions de Trésorier, car il a mandat de son organisation sur cette suppression.

DÉAN fait quelques observations relatives au Syndicat de *St-Quentin*.

CRUELLS fait observer que son organisation a été le sujet d'une erreur au rapport.

ROBERT donne satisfaction au camarade CRUELLS et demande que le passage des conclusions relatives aux fonctions de Trésorier soit réservé au moment de la discussion des statuts.

Le Président met aux voix le rapport de la Commission de contrôle avec la réserve faite par ROBERT. Le rapport est adopté à l'unanimité.

Rappel des décisions des Congrès antérieurs

ROBERT au nom du Comité Fédéral, déclare que toutes ces décisions ont été l'objet d'études sérieuses de la part du Comité.

Celle qu'il faut envisager et retenir pour le moment, c'est celle relative à « l'Unité corporative » dans une même ville.

La Fédération a admis ce principe, sauf cependant pour *Paris*, où il existe des organisations formées de spécialités ; il demande au Congrès d'adopter d'une façon ferme pour l'avenir « l'Unité », sauf le cas cité plus haut, c'est-à-dire pour les spécialités.

ANSALDI est d'avis que cette question est du ressort des Bourses du Travail, il déclare que celle de Marseille n'admet qu'un Syndicat de même corporation.

CRAISSAC, sur cette partie de l'ordre du jour, désire savoir si toutes les questions y ayant trait, seront discutées en bloc ou en détail, toutefois pour sa part, il se réserve la limitation de la journée de travail et le minimum de salaires.

RATILLON déclare que son Syndicat n'a jamais fait d'exception.

ROBERT est opposé à toutes mesures contre les Syndicats qui ont rempli jusqu'à ce jour leur devoir vis-à-vis de la Fédération, c'est seulement pour l'avenir, qu'il est nécessaire d'appliquer « l'Unité ».

LÉCLUZE explique le cas de son Syndicat et dit pourquoi il n'est pas adhérent à la Bourse du Travail de *Cherbourg*.

CRAISSAC, dit que son organisation est sur le point de faire la fusion ; c'est une question de jours

DAVID appuie les paroles de Craissac ; pour sa part, il voudrait voir le rappel des décisions antérieures discutées en détail, car plusieurs méritent un examen approfondi.

ROBERT répond à Lécluze, qu'il est impossible d'empêcher un Syndicat du bâtiment, d'englober les parties relatives à la peinture, il propose aux camarades de *Cherbourg* de faire toute la propagande possible pour arriver à un bon résultat sans froisser aucune susceptibilité.

CRAISSAC dit que les peintres en voiture ont beaucoup d'affinité avec les peintres proprement dit ; d'ailleurs la campagne contre le blanc de céruse a eu le même résultat pour cette catégorie.

MAZOUAUD dit qu'à *Brive*, ils ont conservé les peintres en voiture parmi eux jusqu'au jour où il s'est formé un Syndicat de cette branche de leur industrie.

ROBERT trouve que la question posée est des plus simple : s'il n'existe pas d'organisation de peintres en voiture, le devoir des Chambres Syndicales est d'inviter ces ouvriers à venir parmi elles.

Puis il fait part à l'Assemblée qui pourrait s'étonner qu'il prenne souvent la parole et quelque fois sans la demander, qu'à Bourges au dernier Congrès, il avait été décidé que le Secrétaire de la Fédération aurait le droit de prendre la parole toutes les fois qu'il le jugerait nécessaire ; il demande au Congrès de vouloir bien ratifier à nouveau cette proposition. — Adopté.

DAVID voit la question de « l'Unité » très complexe, il donne les motifs : pourquoi à *Grenoble* la Chambre Syndicale n'a jamais voulu accepter les peintres en voitures, car cette catégorie d'ouvriers remplace souvent les peintres en bâtiment et notamment pendant leur grève ?

Il se déclare partisan que dans chaque ville, il ne se crée point à nouveau des Syndicats de peinture à côté de celui qui existe déjà, il n'est pas opposé au maintien du statu quo.

CRUELLS appuie les déclarations de David, en faisant remarquer comme insolite que c'est un devoir primordial aux Bourses de faire « l'Unité ».

TESTAUD s'associe aux paroles de Robert qui se trouvent être le sens de ce qu'il aurait pu dire au nom de son organisation pour ce sujet.

CRAISSAC dit qu'en vertu des affirmations de David, la nécessité se fait plus sentir de faire la propagande pour amener les peintres en voiture à adhérer aux Syndicats de peintres en bâtiment ; il propose pour éviter tout désagrément fâcheux, une entente interfédérale qui applanirait tous dangers et dépose au bureau la proposition suivante :

Dans toutes les villes où il existe un Syndicat de peintres en voiture, ces derniers devront y adhérer, dans le cas contraire leur adhésion sera reçue au Syndicat des ouvriers peintres.

POUGET, délégué de la Confédération, estime qu'il ne faudrait pas donner une fausse interprétation à la décision du Congrès de Montpellier, relative à l'unité ; le Congrès n'a émis qu'un vœu, tendant à faire le possible pour qu'il n'existe qu'un Syndicat par ville.

Et pour obtenir ce résultat, c'est l'œuvre des Fédérations ; il répond à Craissac, qu'une entente est en voie de formation entre les diverses Fédérations de l'industrie du bâtiment pour les questions se rapportant à la peinture.

DAUBRY au nom du Syndicat des peintres demande que le Congrès l'admette à faire partie de la Fédération ; il explique les raisons invoquées contre la fusion, d'abord la modicité des prix des cotisations.

Le Syndicat indépendant du 9e, ayant constaté l'indifférence qui existait à Paris dans la corporation, crût, pour amener à lui un grand nombre d'ouvriers, devoir mettre les cotisations à 0 fr. 30 ; les évènements ont par la suite donné raison à cette mesure, puisque 400 nouvelles adhésions y répondirent.

La besogne à laquelle s'attacha son organisation a été de faire circuler des listes d'appel pour l'unification des salaires et la suppression du travail du dimanche, ce qui permit de constater l'indifférence des peintres de Paris, puisque sur 35.000 ouvriers, 1.500 signatures furent obtenues seulement ;

De créer une caisse de chômage, qui fonctionne régulièrement ;

D'envoyer son obole lorsqu'un conflit se produisait entre l'ouvrier et l'exploiteur.

Il fit un appel à ses adhérents pour créer et soutenir sa Caisse de chômage, appel qui fut entendu car 100 camarades s'y firent inscrire au début.

Dans ces conditions, il lui fut impossible d'augmenter ses cotisations pour faire la fusion, qui lui demandait cette augmentation en raison des nouvelles charges.

Il demande aux délégués au Congrès de Grenoble de vouloir bien accepter son Syndicat parmi eux et proteste énergiquement contre l'épithète de « jaunes », qui leur est donnée.

Comme délégué au Congrès, il votera toutes les questions qui pourront améliorer le sort des travailleurs contre le patronat exploiteur.

ROBERT donne lecture de la dépêche suivante :

Dockers envoient remerciements vœux formulés par Congrès peintres.

Signé : MANOT.

Puis répondant à Daubry, il reconnaît que chaque organisation a le droit de demander son adhésion à la Fédération, mais combat la manière de voir de Daubry ; si cette proposition était adoptée, il exprime les craintes de faciliter les dissidents à semer la désorganisation et invite le Congrès à repousser la proposition du IXᵉ. Il désirerait que le Congrès émette un vœu engageant cette organisation à faire la fusion, puis, après avoir retracé l'historique de sa fondation et les éléments qui la compose engage à nouveau le Congrès à ne pas accepter.

DAVID demande à Daubry s'il a un mandat impératif sur cette question, et si celà est, il lui propose de la faire discuter à la fin du Congrès.

Il fait part que Grenoble doit proposer des statuts uniques pour toutes les organisations.

Il faut savoir reconnaître que les Syndicats qui ont su faire la fusion, c'est tout à leur honneur, et regretter que tous n'ont pas fait leur devoir à ce sujet.

CRAISSAC propose que chaque question soit tranchée séparément et demande la clôture avec les orateurs inscrits.

La clôture est prononcée.

CRAISSAC au sujet des Syndicats du bâtiment, dit que ces créations étaient autorisées dans les villes où il ne pouvait se constituer des Syndicats de métier.

Il propose au Congrès de donner mandat au Secrétaire de la Fédération pour le Congrès de Bourges, d'attirer l'attention sur les dissentiments existants entre les diverses Fédérations, d'empêcher enfin la création de Syndicats d'industrie, là où il existe des Syndicats de métiers.

POUGET déclare que chaque Fédération une fois créée garde sa complète autonomie.

ROBERT trouve que la discussion devient confuse et pour rétablir les faits, retrace la constitution de la Fédération du bâtiment, il désirerait que l'on mette opposition à celle-ci de prendre au nombre de ses adhérents des Syndicats de peinture.

CRAISSAC demande le témoignage de Testaud, sur la constitution de la Fédération du bâtiment.

TESTAUD rappelle que l'esprit qui a présidé à cette constitution, était qu'elle ne devait se composer que de Syndicats du bâtiment proprement dit. A Paris, il se fit un appel aux ouvriers du bâtiment pour procéder à la constitution d'un Syndicat de cette catégorie ; il termine en demandant à la Confédération de rappeler la Fédération du bâtiment au respect de ses statuts.

CRAISSAC fait connaître la situation particulière de Cherbourg, où il existait deux syndicats, un de peintres et un de menuisiers ; il se forma ensuite un Syndicat du bâtiment, qui amena la division parmi les deux existants, d'où nécessité à prévenir des faits semblables.

Revenant à la demande faite par le Syndicat du IXe, il dit qu'elle ne peut être prise en considération par rapport à l'unité.

RATILLON déclare que si l'on veut arriver à la suppression des poisons professionnels, l'entente est absolument nécessaire et obligatoire entre les divers Syndicats de peinture.

DAUBRY répond à David, que, quelque soit la décision prise à son sujet, son intention n'est pas de se retirer, il restera pour faire constater au Congrès qu'il veut faire tout son devoir. Il promet de tout faire pour l'Unité en engageant à son retour, son Syndicat, à fusionner avec la Chambre Syndicale. Si on lui refuse, il saura accomplir tout son devoir de militant.

BOUTONNET se rallie aux paroles de Craissac, en ce qui concerne le Syndicat du IXe, et estime qu'il est déjà très difficile aux organisations de boucler leur budget avec des cotisations de o fr. 50 par mois, il doit l'être bien plus encore avec celles de o fr, 30.

DAUBRY déclare au Congrès qu'à son arrivée à Paris, il retracera ce qui s'y est dit et fera son devoir.

LE PRÉSIDENT met aux voix la proposition Craissac, qui est adoptée à l'unanimité.

Puis il donne lecture de trois autres propositions du même auteur, ainsi conçues :

Les questions du minimum des salaires et de la limitation de la durée de la journée de travail, seront l'objet d'un débat spécial en séance publique du Congrès.

Adopté à l'unanimité.

Le Congrès décide :
Le souci de l'unification des forces ouvrières devant dominer toute autre considération, il ne sera admis aucun Syndicat d'ouvriers peintres dans les villes où il existe déjà une organisation fédérée.
Il ne sera maintenu qu'un Syndicat à dater du 1er Janvier 1905, par ville, où il existe 2 Syndicats fédérés, exception faite pour les Syndicats de professions similaires.

Adopté à l'unanimité moins celle du IXe de Paris.

Le représentant de la Fédération devra chercher à faire triompher devant le Congrès corporatif de Bourges, la proposition suivante :
Il ne devra être toléré de Syndicats du bâtiment, que dans les villes où il sera impossible de constituer des Syndicats de métier.

ROBERT déclare qu'il a fait tout ce qu'il a été possible pour arriver au résultat préconisé par la dernière proposition de Craissac, il donne lecture de deux lettres à la Fédération du Bâtiment; chaque fois il s'est heurté à de la mauvaise volonté de la part de cette dernière ; aussi, comme Craissac, il est d'avis que la question doit être portée au Congrès de Bourges où il sera établi que tout a été fait de la part de la Fédération Nationale de peinture pour arriver à la conciliation.

LE PRÉSIDENT met aux voix la quatrième proposition de Craissac. Elle est adoptée à l'unanimité.

ROBERT demande au Congrès d'approuver le Comité fédéral dans ce qu'il a fait vis à vis de la Fédération du Bâtiment (Assentiment unanime).

CRAISSAC dit que le minimum de salaire a toujours été à l'ordre du jour des Congrès.

Le mandat du Comité fédéral à ce sujet serait de préparer une étude sur cette question, d'établir par région un projet de minimum de salaire qui servirait de base pour un projet de loi à déposer au Parlement. Il serait partisan de la création de conseils départementaux pour assurer le minimum, ayant pour point de départ la journée de 5 francs, qui est nécessaire à l'homme.

Comme moyens à employer pour obtenir la réforme : par une loi sur le minimum, une série ininterrompue de réunions ou conférences pour faire pénétrer l'idée dans les masses, questions à poser aux candidats en périodes électorales ; faire établir par les Bourses du Travail le taux des salaires et les prix de revient de l'existence présentant certaines difficultés, pour pallier à ces inconvénients, demander aux divers syndicats de peintres un état comparatif des salaires et des exigences de la vie, dans leurs villes respectives, ce qui, à son avis, donnerait de bien meilleurs résultats.

Il demande en outre au Comité fédéral de désigner parmi ses membres, un délégué qui s'occuperait spécialement de cette question, rappelant sans cesse les organisations à fournir ce qui leur est demandé.

Il estime qu'en adoptant ces divers moyens, il serait plus facile de présenter au prochain Congrès un projet mûrement établi et ayant toutes les chances d'être pris en considération.

Il faut donc bien retenir que la durée de la journée de travail et le minimum de salaire sont deux questions qui se rattachent mutuellement. Il ne se dissimule pas les difficultés qu'il y aura à vaincre, car le patronat s'opposera de toutes ses forces à cette réforme, craignant que les ouvriers possédant plus de temps à eux, ne l'emploient à s'instruire sur leurs devoirs et leurs droits.

Il propose aussi que tous les syndicats fassent le nécessaire pour obtenir la journée de huit heures pour les travaux en régie et termine en engageant le Congrès à faire une active propagande dans ce but, qui amoindrirait de beaucoup le chômage.

GUÉNOB conteste la déclaration de Craissac : à son avis, il serait préférable de lutter fortement pour la diminution du chômage et non porter ses vues sur la production qui tendrait à faire croire que l'ouvrier produit autant en huit heures qu'en dix heures de travail.

La séance est levée à midi.

Séance du 5 Septembre (*soir*)

La séance est ouverte à deux heures un quart avec le bureau de la matinée. Tous les délégués sont présents.

LÉCLUZE, sur la journée de huit heures, déclare que dans les ports militaires il sera presque impossible de l'obtenir, par suite de la concurrence faite aux ouvriers de la corporation par ceux des arsenaux. Il demande au Congrès de faire une pression sur les pouvoirs publics pour empêcher ce préjudice.

ROBERT répond à Craissac et à Lécluze que si la journée de huit heures est demandée, c'est pour atténuer le chômage, il rappelle qu'à l'occasion des travaux de l'Exposition, cette journée avait été établie dans les travaux du pavillon syndical.

Il faut s'élever avec juste raison contre les prétentions de ceux qui croient qu'avec huit heures on fait autant de travail qu'avec celle de dix heures ; c'est une grave erreur, erreur qui tendrait au surmenage des forces de l'ouvrier. Si la loi de huit heures e-t votée, il n'y aura pas lieu de s'inquiéter des résultats au point de vue de la production. Le cas cité par LÉCLUZE pour Cherbourg s'est produit aussi à Boulogne-sur-Mer, où les ouvriers de la mairie, après leur journée de travail venaient s'offrir aux employeurs avec rabais.

Il demande au Congrès d'affirmer son intention de produire les 4/5 de ce qui se fait actuellement, et par ce fait on aura ainsi paré dans une grande mesure contre le chômage.

NOGUEZ, d'accord avec Robert, trouve illogique de dire qu'avec huit heures on produit autant qu'avec dix heures. Le vrai sens de cette proposition est de demander les huit heures pour pouvoir donner du travail à ceux qui n'en ont pas.

Dans l'état de la Société actuelle, le devoir des syndicats et de la Fédération est d'obtenir que les ouvriers salariés par l'Etat, les Villes et les Départements soient mis dans l'impossibilité d'exécuter des travaux après leur journée de travail.

LÉCLUZE déclare qu'à Cherbourg, en ce qui concerne les ouvriers municipaux, pression a été faite sur les candidats aux dernières élections et que satisfaction a été donnée en partie au Syndicat, mais il reste toujours les ouvriers de la Marine.

TESTAUD dit qu'à Paris l'Union des Syndicats du bâtiment avait établi des prix de série et si ces prix n'ont pas été observés, la faute en revient aux travailleurs qui, par de fausses déclarations, ont trompé ceux qui devaient les faire observer ; en présence de l'inconscience manifeste de la masse du prolétariat, il craint que cette réforme ne soit purement platonique.

Il explique que les prix imposés par la Ville ds Paris ne sont applicables que pour les travaux municipaux. Au Conseil de Prud'hommes, les jugements sont forcés d'être établis sur les prix consentis par les ouvriers. Pour mettre un terme à cette exploitation, considérant que trop souvent les ouvriers pressés par le besoin, sont amenés à subir les diminutions proposées par les exploiteurs, le groupe socialiste de la Chambre avait déposé à un moment donné une proposition de loi, tendant à considérer la signature comme nulle. A cette époque la Fédération du bâtiment fut invitée à adresser aux organisations de France un referendum à ce sujet ; elle ne le fit pas.

Au Congrès d'Angoulême, la question fut soumise et toujours pas de résultats.

A l'heure actuelle, le devoir du Comité Fédéral de la Peinture est de faire ce que n'a pas crû devoir faire la Fédération du Bâtiment. De l'avis des camarades qui l'ont précédé, il ne peut croire que le travailleur produise autant en 8 heures qu'en 10.

A ce sujet, il estime et a toujours compris que les 8 heures était un moyen de supprimer ou d'atténuer dans de fortes proportions le chômage ; au contraire, si les idées émises par Craissac sur cette question étaient partagées, il n'y aurait absolument rien de fait, puisque la production serait la même avec 2 heures de travail de moins par jour. En terminant, il admet tous les moyens pour obtenir les 8 heures de travail.

Par l'action directe, la pression sur les pouvoirs publics et à son avis on devrait appuyer aussi le rapport Bagnol.

CRAISSAC répond à Testaud qu'à son avis, il lui semble indispensable de faire pénétrer dans les mœurs bourgeoises et capitalistes qu'il peut se faire autant de travail avec 8 heures qu'avec 10 ; reprenant son projet d'un délégué, chargé spécialement de tout ce qui a trait à cette réforme, devant les documents fournis par ce délégué, M. Sauton, cité par Testaud, aurait été obligé de s'incliner ; il préconise l'action tentée avec les pouvoirs publics contre celle de la Confédération qui veut s'en passer, il affirme que les démarches tentées dans cette voie ont plus de résultats que par les moyens violents conseillés par le Comité Confédéral et fait une critique de l'action directe.

ROBERT définit l'action directe, ce qu'elle est, ce qu'elle doit être et ce que l'on peut en attendre, il sait très bien que ceux qui en sont les adversaires se gardent bien de la montrer sous son véritable jour ; il est nécessaire pourtant que l'on sache qu'elle n'est pas synonyme de chambardement, pillage, etc., mais bien l'action raisonnée du prolétariat, qui sait ce qu'il veut et qui prétend l'obtenir par lui-même.

Exemple : Si une grève est faite avec ensemble, c'est de l'action directe ; si au contraire elle n'est pas faite avec l'ensemble de la corporation, c'est à l'action directe à faire ce que la conscience a refusé. La fin justifie les moyens.

Les contradicteurs de l'action directe se trouvent dans les parlementaires et dans certaines fédérations qui dénaturent et critiquent avec mauvaise foi les partisans, espérant amoindrir ou cacher les bassesses dont ils sont coutumiers.

Il rappelle les déclarations de Jaurès sur les meetings du 5 Décembre dernier et en terminant constate que Craissac n'a pas répondu : à savoir qu'il est matériellement impossible de soutenir qu'il peut se produire autant avec 8 heures qu'avec 10 heures.

La clôture étant demandée est mise aux voix et est prononcée.

BOUTONNET croit, contrairement à Testaud, que les Conseils de Prud'hommes doivent créer des précédents et ne pas s'inquiéter si souvent si la loi le permet ou non, car il faut pourtant tenir compte que souvent c'est la faim qui oblige les ouvriers à s'offrir pour des salaires dérisoires et estime que les prud'hommes, dans leur jugement, devraient s'inspirer de ces considérations.

TESTAUD réplique à Boutonnet qu'aucune jurisprudence ne peut établir de précédents, car au-dessus des Prud'hommes il y a non seulement les Tribunaux de Commerce, mais encore la Cour de Cassation qu'il faut envisager ; si parfois, en Province, quelques tribunaux de Prud'hommes peuvent faire des précédents en faveur des travailleurs, c'est tant mieux, mais eux, à Paris, ne peuvent le faire, par suite de la facilité qu'ont les patrons de trouver tout sous la main pour faire casser les jugements, ce qui porterait encore plus de préjudice aux ouvriers, vu qu'ils seraient condamnés aux frais.

NOGUEZ demande aussi la journée de 8 heures ; il fait remarquer les conditions toutes particulières à Marseille, où la corporation se débat contre les concurrences qui lui sont faites par suite du nombre de syndiqués en regard de la corporation entière ; il devient de toute nécessité de rechercher les moyens à employer pour arriver au résultat.

Il eut aussi, à un moment donné, l'espoir que les travailleurs auraient conscience de leurs droits et devoirs, mais il a reconnu qu'il s'était fait des illusions, il faut donc s'emparer de tous les moyens utiles.

GUÉNOB fait des déclarations semblables à celle de Testaud; il estime que l'action directe doit être définie.

Ceux qui préconisent l'entente avec les pouvoirs publics sont combattus par les partisans de l'action directe et cependant il est arrivé maintes fois qu'ils en avaient fait de même.

ROBERT répond à Guénob que si, lors de la campagne contre les bureaux de placement, les partisans de l'action directe conscients se sont abouchés avec le représentant du pouvoir, c'était pour demander le dépôt immédiat du projet de loi sur les bureaux de placement. Et lorsqu'ils rendirent compte de leur mandat, les boulangers n'hésitèrent pas eux aussi à voter la grève pour peser à leur tour sur les pouvoirs publics, cette action aboutit enfin au dépôt du projet de loi qui dormait depuis 10 ans dans les cartons administratifs.

Sont donc vraiment réformistes les partisans de l'action directe qui arrachent, petit à petit, des améliorations réelles au sort des travailleurs.

Néanmoins, il ne faudrait pas que le Prolétariat se trompe sur l'efficacité des lois faites en sa faveur; c'est un véritable leurre que les lois dites protectrices du travail. Leurre aussi toutes celles qui sont en projet.

L'action directe veut, au contraire, des réformes qui en soient de véritables, et surtout qui ne coûtent rien au prolétariat.

GUÉNOB rappelle les phases de la grève de 1898. Ce qui se fit à cette époque, c'était une action qui est qualifiée aujourd'hui « d'action directe ». Pourquoi cela ? parce que ce sont des individus qui tour à tour s'appelèrent « anarchistes », puis « libertaires », et maintenant tout simplement syndicalistes. Ce sont ceux-là qui, aujourd'hui, assument la responsabilité de diriger le prolétariat.

TESTAUD dépose sur le bureau la proposition ci-dessous :

Le Congrès, considérant que la proposition de loi déposée sur le bureau de la Chambre des Députés par le groupe socialiste, sur la demande des travailleurs du département de la Seine, est d'une grande importance au point de vue de l'amélioration des ouvriers du bâtiment, en tant qu'elle a pour conséquence l'établissement d'un minimum de salaire dans l'industrie ;

Charge le Comité Fédéral de fournir au rapporteur de la loi les documents et renseignements susceptibles de démontrer la nécessité du vote de la loi.

Signé : TESTAUD et GUÉNOB.

CRAISSAC dépose également une proposition ainsi conçue :

Le Congrès décide :

Que le Comité Fédéral devra désigner un ou plusieurs de ses membres, chargés spécialement de mener la lutte au nom de la Fédération en faveur du minimum des salaires et de la limitation de la durée de la journée de travail.

Le Congrès, consulté, décide de voter les deux propositions séparément.

Le Président met aux voix la proposition Testaud et Guénob. Elle est adoptée à l'unanimité.

Celle de Craissac est adoptée également à l'unanimité.

Les poisons professionnels

Robert donne lecture d'un projet de réglementation de l'emploi de la céruse en Allemagne.

A la suite de cette lecture, ROBERT combat le projet allemand, par suite de la facilité qu'auraient les patrons pour se débarrasser de leurs ouvriers.

DAUBRY engage le Congrès à envisager très sérieusement la question des poisons professionnels, et à ne pas s'écarter de la question.

La séance est suspendue à 4 h. 3/4; elle est reprise à 5 heures.

RATILLON remercie tous les camarades qui ont mené la campagne contre le blanc de céruse

BOUTONNET demande à Craissac s'il veut bien donner au Congrès le résultat de sa campagne contre le blanc de céruse, mais de ne pas rentrer dans le fonds de la question, qu'il se borne aux résultats.

DAVID demande, en raison de l'heure avancée, qu'il soit tenu une séance de nuit de 8 h. 1/2 à 10 h. 1/2 qui permettrait à Craissac de ne pas interrompre ses démonstrations.

La proposition de David est adoptée à l'unanimité.

L'assemblée désigne son bureau pour la 3e journée :

Président : TESTAUD. Assesseurs : MAZOUAUD et ROY.

La séance est levée à 5 h. 3/4.

Séance du 5 septembre (*nuit*)

La séance est ouverte à 8 h. 1/4.

Le Président rappelle à l'Assemblée que tous les Peintres connaissent l'histoire de la céruse. Cette question a été très approfondie dans les organisations et dans tous les Congrès pour entraîner une trop longue discussion à ce moment-ci, mais bien se borner, comme le demandait un camarade, de connaître les résultats de la campagne. (Assentiments).

Le camarade POUGET, délégué de la Confédération, obligé de se rendre à Paris, appelé par ses fonctions à la *Voix du Peuple,* fait en termes chaleureux ses adieux aux congressistes.

ROBERT se fait l'interprète du Congrès pour remercier la Confédération Générale du Travail, ainsi que son représentant.

En attendant l'arrivée du camarade Craissac, quelques délégués signalent des cas particuliers aux villes qu'ils représentent.

CRAISSAC, en débutant, déclare qu'il sera très bref et répondra à toutes les questions que voudront bien lui poser les délégués. Tout d'abord, il retrace l'historique de la céruse, ainsi que les premières tentatives pour la supprimer.

Diverses commissions eurent à donner leur avis ; depuis le 1er Congrès, Paris 1900, des circulaires ministérielles furent lancées contre l'emploi de la céruse et invitant les administrations à la supprimer autant que possible dans les travaux d'adjudication publique.

Le Conseil d'hygiène édicta un nouveau projet de décret ne portant pas sur l'interdiction proprement dite, mais sur la réglementation. Les adversaires nous accusèrent de porter atteinte à la propriété industrielle. Puis vint un nouveau projet de loi en juin 1903, présenté et soutenu par Breton, député du Cher. La Chambre vota cette loi. A partir de ce moment, on se heurta à un parti-pris absolu vis-à-vis de cette réforme sociale. Il faut s'assurer de beaucoup de concours en face de manœuvres des adversaires.

Les patrons profitent de la période de chômage pour faire signer à leurs ouvriers des pétitions en faveur du maintien de la céruse. Craissac montre au Congrès un véritable dossier de ces sortes de pétitions.

Le Sénat, sur le rapport de la Chambre des députés, a demandé une enquête complémentaire confiée à M. Treille, et cette enquête a permis de constater la véracité des faits et du nombre infini d'accidents causés par cette matière dangereuse.

CRAISSAC fait part au Congrès qu'il s'est acquis le concours de plusieurs sénateurs, ce qui fait prévoir le succès final. Les Conseils généraux ont adopté des ordres du jour en faveur de la suppression.

ANSALDI demande si les entrepreneurs de Marseille ont envoyé des pétitions, car eux, ouvriers, n'ont pas eu connaissance.

CRAISSAC répond que oui.

NOGUEZ confirme la réponse de Craissac et cite en exemple l'atelier Revertégat et cinq ou six autres.

ROBERT félicite Craissac d'avoir été aussi bref que possible et se demande quels seront les moyens à employer pour en hâter la solution.

Il donne lecture de la proposition suivante :

Les Chambres syndicales de Reims, Versailles, Saint-Etienne et Bordeaux proposent que si la loi interdisant absolument l'emploi du blanc de céruse dans tous les travaux de peinture n'est pas votée avant fin avril prochain, le Conseil Fédéral organisera une grève générale de la corporation par une incessante agitation, afin de forcer les pouvoirs publics à se préoccuper de la santé des ouvriers peintres.

Cette grève générale ne durerait qu'un jour, étant bien entendu que ce jour ne devrait être ni un dimanche, ni un jour férié, ni le 1er mai.

Les délégués au Congrès s'engagent à faire auprès de leurs organisations respectives et auprès des ouvriers non syndiqués, la propagande la plus active pour que cette grève soit vraiment générale pendant le jour fixé.

CRAISSAC propose la date de Janvier.

DAVID est d'avis d'englober aussi tous les poisons professionnels et trouve que la date de Janvier fixée par Craissac, est en morte saison.

CRAISSAC en réponse, donne lecture du projet de loi proposé et d'un réglement d'administration, si le « minium » n'a pas été combattu avec autant de vigueur que cela est nécessaire, c'est que l'on ne connaissait pas son succédané, aujourd'hui des expériences ont démontré la possibilité de le remplacer par les sels d'aluminium.

Diverses commissions s'en sont occupées et on a obtenu des résultats stupéfiants au martelage, enfin un grand nombre de qualités à opposer au minium de plomb.

MAZOUAUD cite ce que son organisation a fait à Brive ; elle a obtenu un arrêté, que tout entrepreneur ayant employé de la céruse dans les travaux communaux, sera à l'avenir exclu des adjudications.

LAMBERT est d'avis de ne pas laisser tout le travail au Conseil fédéral sur cette question et que chaque organisation prenne l'engagement de faire l'agitation dans son ressort.

ANSALDI déclare qu'à Marseille tout a été tenté, mais on s'est heurté contre le Conseil municipal, composé de bourgeois et exprime l'espoir que les élections seront annulées et avoir gain de cause avec son successeur.

ROBERT redonne lecture de la lettre de M. Petit et croit que le Congrès peut se rallier à cette proposition, dans l'intérêt de la corporation.

DAVID signale ce qui a été fait à Grenoble par son organisation.

DAUBRY demande que l'on porte tous ses efforts pour obtenir la suppression de la fabrication.

Le Président donne lecture de 3 propositions.

La 1re de Daubry.

Nomination par les Syndicats d'Inspecteurs chargés de vérifier les marchandises et les ateliers des entrepreneurs.

La 2e de Craissac.

Le Congrès invite le Ministre de la Marine à constituer au plus tôt, la Commission d'expériences pour le remplacement du minium de plomb, par les sels d'aluminium.

La 3e de Bourdot.

Le Congrès donne plein pouvoir au Conseil fédéral, pour exiger des pouvoirs publics d'inviter les Compagnies d'assurance, à considérer comme accidents do travail, toutes les maladies de plomb, ainsi que leurs suites.

CRAISSAC répond à Daubry que ce serait une maladresse de demander l'interdiction de la fabrication de la céruse ; il faudrait des millions pour obtenir cette réforme et le Trésor ne pourrait y suffire.

Comme exemple, il cite la suppression des phosphores blancs en Allemagne.

L'emploi de la Céruse n'a jamais été que toléré. Aujourd'hui, il est parfaitement démontré que l'on peut remplacer ce produit, il suffit de retirer l'autorisation sans être obligé de verser des indemnités ; il faut être prudent, on est près de recueillir les bénéfices des efforts, il demande à Daubry de retirer sa proposition.

DAUBRY demande alors de limiter aux toiles cirées, céramiques (etc).

CRAISSAC lui répond que cela ne se peut, car l'expression limite est synonyme d'interdiction, il rappelle encore une fois que la question est en bonne voie et espère en avoir les résultats avant la fin de l'année.

RIVIÈRE demande au cas ou l'interdiction serait votée, pendant combien de temps l'emploi se continuerait.

CRAISSAC répond que cela pourrait aller à 2 ou 3 années, car il prévoit qu'il n'y a pas de stocks en magasin et que peut-être on n'attendra pas le délai.

ROBERT rappelle que les 3 Congrès corporatifs qui ont eu lieu, ont demandé la suppression de la fabrication de la céruse et qu'il n'y a pas à y revenir.

C'est à la corporation à faire ce qu'elle doit pour obtenir la suppression.

Il cite en exemple le Syndicat des Toiles cirées de Bourges, qui, petit à petit, a réussi à ne plus employer de la céruse.

Les efforts doivent avoir pour but la suppression de tous les poisons professionnels, certain d'être suivis par les autres corporations qui ont un intérêt primordial à poursuivre la lutte pour leur santé.

Il dépose la proposition suivante :

Le Congrès des Syndicats de peinture et parties assimilées, demande qu'une loi, arrêté ou décret, oblige aussi bien les droguistes, marchands de couleurs, qu'entrepreneurs de peinture ou autres employeurs de produits toxiques à base de plomb ou d'autres substances vénéneuses à inscrire en gros caractères et de façon très apparente sur les récipients ou emballages, contenant ces produits les mots **Toxique Poison**.

Craissac donne lecture de lettres de Ministres, etc, contenues dans le rapport sur les composés de plomb et qu'il faut pourtant tenir compte de ces indications et affirmations au sujet des indemnités.

Daubry est d'avis que cela revient aux ouvriers de prévenir l'Inspecteur du Travail où est leur chantier.

Testaud constate que malheureusement ce sont certains ouvriers eux-mêmes qui se font les auxiliaires des adversaires de la suppression de la céruse, il cite la réponse d'un enduiseur syndiqué à l'inspecteur du Travail et conclut que c'est aux ouvriers à dire aux Assemblées générales où se trouvent leurs chantiers, pour que le nécessaire soit fait d'une façon sûre;

David déclare qu'à Grenoble, l'Inspecteur du Travail a prélevé des échantillons qu'il a envoyés au Ministère.

Mazouaud dit qu'à Brive, il a fait nommer à la Bourse du Travail, une Commission chargée de recueillir les renseignements et rapports des ouvriers et qu'ensuite l'Inspecteur du Travail est prévenu et accompagné par des camarades étrangers à la corporation.

La discussion étant close, il est procédé au vote sur les différentes propositions déposées.

La première des Syndicats de Reims, Versailles, Saint-Etienne et Bordeaux est adoptée moins une abstention.

La deuxième de Daubry, à qui Robert demande de se rallier aux décisions des Congrès antérieurs.

Daubry accepte pour faciliter la suppression de la Céruse.

Adopté à l'unanimité.

La troisième de Bourdot, adoptée à l'unanimité.

La quatrième de Robert, adoptée à l'unanimité.

La séance est levée à 10 h. 35.

Séance du 6 Septembre (*matin*).

La séance est ouverte à 8 h. 10, sous la présidence du camarade Testaud, assisté des camarades Mazouaud et Roy.

Le Secrétaire lit le procès-verbal de la deuxième séance, qui est adopté.

Celui de la troisième, après observation de Daubry, portant sur la séance de nuit. Adopté.

De la quatrième séance, adopté en substituant le mot *poison* à celui *toxique* sur la demande Rivière.

Clavel au nom de la Chambre Syndicale de Grenoble, dépose la proposition ci-après :

Le Congrès décide d'adresser tous ses témoignages de sympathie à tous ceux qui, à n'importe quel titre, se sont occupés de la question de la suppression de l'emploi de la fabrication de la Céruse et des dérivés du plomb.

Adopté à l'unanimité,

Craissac demande de remercier, savants et hommes politiques qui se sont intéressés à la campagne contre la céruse et dépose une proposition dans ce sens,

Robert s'élève avec énergie contre cette proposition de Craissac, qui avait été déjà faite au Comité fédéral, des remerciements aux savants, cela ce conçoit, mais aux hommes politiques, non, car ils ont attendu que la campagne soit entreprise par la Fédération pour s'y jeter et accaparer ainsi l'attention, et demande au Congrès de repousser cette partie.

LAMBERT est de l'avis de Robert.

CRAISSAC parle élogieusement de M. Breton, député, qui s'est dévoué dans cette campagne et est d'avis de ne pas décourager les dévouements.

DAUBRY tout en approuvant les paroles de Robert, désirerait voir voter la proposition de Craissac, en raison du but poursuivi.

ROBERT déclare que le Congrès n'a pas a entrer dans les détails et doit se borner à remercier le monde savant.

(A ce moment, un colloque s'engage et il devient impossible de transcrire les paroles prononcées.)

ROBERT, au nom Conseil Fédéral, dépose la proposition suivante :

Le Congrès décide qu'il y a lieu de demander l'appui de la Confédération Générale du Travail pour hâter la solution de la question des poisons professionnels.

La proposition est adoptée.

CRAISSAC soutient sa proposition à titre d'amendement à la proposition de Grenoble et demande qu'on la mette aux voix.

L'appel nominal est demandé.

Résultat du vote : 17 pour ; 17 contre et 2 abstentions.

Ont voté pour :
Syndicats de Cette, Nantes, Roubaix, Cherbourg, Peintres en Bâtiment de la Seine, Lettres et attributs de Paris, Peintres du IXe de Paris, Montpellier, Rouen, Saint-Quentin, Brest, Groupe de Levallois-Perret, Toulouse, Toulon, Niort, Alger, Union internationale de Saint-Etienne.

Ont voté contre :
Limoges, Perpignan, Angers, Tours, Caen, Saint-Amand, Toiles cirées de Bourges, Reims, Arles, Versailles, Saint-Brieuc, Tulle, Peintres-Plâtriers de Saint-Etienne, Bordeaux, Brive, Rochefort, Grenoble.

Se sont abstenus :
Marseille et Peintres-Plâtriers de la Nièvre.

N'ont pas pris part au vote :
Peintres de Paris.

La proposition CRAISSAC est repoussée.

CRAISSAC propose de faire une adresse de remerciements hors séance.

RATILLON en présence des interruptions qui se croisent, invite les délégués à montrer plus de calme.

LAURAS dépose une proposition tendant à faire nommer par le Congrès le camarade Craissac comme délégué pour la campagne contre la céruse.

ROBERT demande le renvoi au Comité Fédéral.

CRAISSAC parlant des démarches qu'il y a encore à faire, estime que cela reviendrait au Congrès de nommer ce délégué, estimant que cela aurait plus de poids, étant le résultat de l'entente et de la volonté des délégués.

ROBERT déclare que comme par le passé ce sera sûrement Craissac qui sera le délégué, car lui seul réunit les aptitudes pour le faire et surtout qu'il l'a déjà fait plusieurs années.

Daubry fait remarquer que les Syndicats non fédérés sont tout de même intéressés à la question, et si on laisse le soin au Comité fédéral de la nomination du délégué, ils ne pourront y participer.

Mazouaud se rallie aux paroles de Daubry.

Robert ne voudrait pas voir nommer ce délégué par le Congrès et fait constater la limite du droit de vote des délégués.

Comme conclusion, on met aux voix la proposition suivante qui est adoptée :

Le Congrès charge le Comité Fédéral de désigner un de ses membres comme délégué spécial à la campagne contre les poisons professionnels.

Modifications aux Statuts

Robert énumère les délicates fonctions du Secrétariat, il propose aux délégués de se reporter à la page 10 du rapport du Comité Fédéral et d'en suivre attentivement avec lui la lecture.

Après lecture, il constate avec regret que des syndicats qui, depuis longtemps, sont adhérents à la Fédération, n'ont même pas daigné s'y faire représenter, tels les syndicats de Bourges, de Tarbes et de Béziers, de Lyon, etc.

Il termine en demandant aux délégués de ne voir dans la proposition du Comité Fédéral qu'un but d'émancipation et le désir de mieux faire si possible.

Mazouaud demande, contrairement à Grenoble, que la cotisation soit portée à 0 fr. 10 par mois et par membre.

Testaud est du même avis, mais demande deux caisses, dont une de grève.

On verserait le 50 0/0, pour servir aux syndicats fédérés où on jugerait qu'il y aurait utilité. Ce serait alors la Fédération elle-même qui enverrait aux grèves et non les organisations syndicales. L'effet moral en serait grand pour la Fédération.

Clavel reprend la proposition de Grenoble au Congrès de Bourges :

« La Chambre syndicale de Grenoble demande au Congrès que, pour
« la bonne organisation et le bon fonctionnement de la Fédération, la coti-
« sation mensuelle des Syndicats y adhérant soit élevée progressivement,
« si l'on ne peut faire autrement ; que le maximum atteint ne pourra, à
« moins de cas de force majeure, être porté à plus de 0 fr. 05 par mem-
« bre des organisations affiliées et par mo s ;

« Elle demande en outre que toute latitude et pleins pouvoirs soient
« laissés au Conseil Fédéral pour étudier les moyens de faire reparaître
« le journal *L'Ouvrier Peintre* (art. 11) au moins une fois par mois.

« La Chambre Syndicale des Ouvriers Peintres en Bâtiment de Gre-
« noble demande au Congrès de laisser pleins pouvoirs au Conseil Fédé-
« ral pour étudier et déposer un rapport circonstancié à ce sujet, suivant
« le nombre des Syndicats adhérents ; de l'utilité qu'il y aurait d'avoir,
« comme dans beaucoup d'autres Fédérations, un Secrétaire appointé,
« qui serait chargé, avec l'approbation du Conseil Fédéral, de s'occuper
« de tous les travaux qui incombent à la Fédération, que le Congrès de
« Grenoble le chargera sûrement d'exécuter, tels que correspondances,
« délégations, travaux de bureau, formation de Syndicats, voyages
« de propagande, publicité, etc., etc.

« Et compte sur l'esprit de prévoyance pour l'intérêt majeur de la
« Fédération, donc de la corporation toute entière, de tous les membres

« du Congrès, pour accepter et adopter cette demande nécessaire pour
« assurer la parfaite et bonne organisation de la Fédération. »

LÉCLUZE serait heureux de voir porter les cotisations à o fr. 10, ce qui
permettrait alors d'espérer davantage de la Fédération.

NOGUEZ propose 1 franc par 50 membres et par an, au prorata des
autres membres, estime que sa proposition est de justice si l'on veut tenir
compte des petites et grandes organisations.

ROBERT, d'avis contraire, trouve que c'est injuste, rapidement il
établit un calcul en comparaison.

Néanmoins, le Comité Fédéral ne veut pas faire de pression, il désirerait
voir voter la proposition de Mazouaud, mais laisse le Congrès libre, et maintient la proposition du Comité Fédéral.

BOUROT se déclare partisan de la cotisation à o fr. 05.

ROBERT fait remarquer qu'il n'y a que les membres payant leur cotisations qui paieront les cotisations fédérales.

DÉAN soutient la proposition de Noguez et cite à l'appui son organisation où ils ne sont que 18 membres.

RATILLON déclare accepter la proposition du Comité Fédéral.

MAZOUAUD fait remarquer que son organisation est aussi petite que
celle de Déan et cependant ils sont partisans de la cotisation de 10 centimes.

TESTAUD soutient ses déclarations précédentes, o fr. 05 par mois et
par membre pour la Caisse Fédérale et o fr. 05 pour la Caisse de Grève.

Il fait constater que plus les organisations sont puissantes, plus elles
ont de frais.

LOISON se rallie aux paroles de Noguez et de Déan, car souvent son
syndicat n'a pu faire acte de solidarité par manque de fonds.

GUÉNOB appuie la proposition Testaud.

ROBERT, pour éclairer les délégués à savoir que c'est bien un minimum de sacrifices qu'on leur demande, cite des exemples pris parmi les
autres Fédérations.

Le Bâtiment, o fr. 10 ; l'Alimentation, o fr. 20 ; la Bijouterie, o fr. 20 ;
la Métallurgie, o fr. 20 ; le Papier, o fr. 30 ; Cuirs et peaux, o fr. 20 ;
Ameublement, o fr. 15 ; Mécaniciens, o fr. 20 ; Mouleurs, o fr. 20 ; le
Livre, 2 fr. 50 par syndiqué et par mois.

On trouvera peut-être que cela est énorme.

Cependant avec la cotisation demandée, la C. S. de Paris aura de
40 à 50 francs par mois à payer.

Si les délégués veulent bien fixer leur attention sur les fédérations qui
marchent le mieux, ils verront que ce sont seules celles qui perçoivent
les plus fortes cotisations.

C'est par une active propagande que ces organisations, non seulement
maintiennent leur nombre d'adhérents, mais l'augmentent.

Les Trades-Unions des Peintres versent 2 fr. 50 par semaine ; en
Allemagne, aux États-Unis, 10 et 20 fr. par mois. Et les camarades
étrangers nous trouvent bien simples de vouloir faire de la lutte avec des
cotisations aussi minimes.

Il lit des lettres à l'appui de ses paroles.

Si nous voulons supprimer le chômage, les maladies professionnelles
et améliorer le sort de la corporation, il faut augmenter les cotisations.

Il est de toute nécessité de fixer une rétribution au Secrétariat pour
que celui-ci donne toute son énergie et ses forces à la cause.

DAVID combat les propositions de Mazouaud et de Testaud ; il estime qu'en raison du travail accompli par le Comité fédéral et le Secrétaire en particulier, ce dont il le félicite, qu'avec 0 fr. 05 par mois on peut avoir une fédération comme on doit l'attendre, et permettre de rétribuer le Secrétariat.

BOURDOT se rallie à la proposition de Grenoble, il n'est pas partisan d'une caisse de grève, il trouve bien plus régulier que les organisations en grève lancent elles-mêmes leurs appels et que les syndicat envoient eux aussi leurs secours directement.

CRUELLS accepte la proposition Mazouaud.

Le Président donne lecture de la proposition Mazouaud :

« La Chambre Syndicale de Brives demande que les cotisations
« fédérales soient fixées comme suit :
« 0 fr. 10 par membre et par mois,
« Et un minimum de cotisation de 2 francs par organisation. »

Après discussion, seules les organisations fédérées prennent part au vote.

L'appel nominal étant demandé, il en est ainsi ordonné.

Ont voté pour : *Perpignan, Cherbourg, Peintres en Bâtiment de la Seine, Caen, Saint-Amand, Toiles cirées de Bourges, Arles, Tulle et Brives.*

On voté contre : *Limoges, Cette, Angers, Lettres et Attributs de Paris, Tours, Montpellier, Rouen, Saint-Quentin, Saint-Brieuc, Brest, Peintres-Plâtriers de la Nièvre.*

Se sont abstenus : *Versailles, Saint-Etienne, Reims, Rochefort, Saint-Amand, Bordeaux, Orléans, Peintres de Paris.*

La proposition est rejetée par 14 voix contre 9.

NOGUEZ dépose la proposition suivante :

« La Chambre Syndicale de Marseille propose que les cotisations soient de 1 franc par mois et par 50 membres ou fraction de 50 membres. »

Rejetée par 23 voix contre 4 et une abstention.

La proposition Testaud mise aux voix est également repoussée par 13 non contre 9 pour et 6 abstentions.

La proposition du Comité Fédéral mise aux voix par appel nominal est adoptée par 23 oui contre 3 non et 2 abstentions.

Ont voté pour : *Limoges, Angers, Cherbourg, Peintres en Bâtiment de la Seine, Lettres et Attributs de Paris, Caen, Saint-Amand, Toiles cirées de Bourges, Rouen, Arles, Saint-Quentin, Versailles, Saint-Brieuc, Tulle, Brest, Peintres-Plâtriers de Saint-Etienne, Peintres-Plâtriers de la Nièvre, Bordeaux, Niort, Alger, Brives, Rochefort et Grenoble.*

Ont voté contre : *Perpignan, Montpellier et Tours.*

Se sont abstenus : *Cette et Reims.*

Le Président donne lecture d'une proposition de Grenoble ainsi conçue :

« Lorsque des fonds seront souscrits par une organisation syndicale
« fédérée au bénéfice d'une organisation non confédérée, le montant des

« souscriptions devra toujours être transmis par l'intermédiaire de la
« Fédération. »

Plusieurs délégués demandent des explications complémentaires sur
cette proposition ; elles leur sont données.

ROBERT déclare que même dans le cas où les fonds sont centralisés
par la Fédération, ils sont toujours remis au nom de l'organisation qui
les a versés.

La proposition de Grenoble est adoptée à l'unanimité.

TESTAUD lit la proposition suivante :

« Afin d'assurer le contrôle des versements par les Syndicats fédérés,
« le Comité Fédéral délivrera aux organisations des timbres mobiles qui
« leur serviront à apposer sur les livrets de leurs adhérents. »

Il déclare que par ce moyen il ne peut se commettre d'erreurs ; de
plus, le contrôle des versements des cotisations est réduit à sa plus
simple expression.

DAVID serait d'avis de réserver cette question jusqu'aux nouveaux
statuts.

ROBERT, au contraire, demande l'application de timbres mobiles
immédiatement.

DAVID fait constater les dépenses qui en découleront et demande à
nouveau que cette question soit réservée pour plus tard.

ROBERT déclare que malgré cela on peut adopter la proposition.

DAVID se range à la proposition Testaud.

ROBERT demande que la date soit fixée au 1er Janvier 1905 pour qu'il
ait le temps voulu pour avertir et faire les imprimés.

La proposition, mise aux voix, est adoptée à l'unanimité.

ROBERT, au nom du Comité Fédéral, donne lecture de la proposition
concernant la rétribution du Secrétaire permanent :

« Le Congrès décide qu'il y a lieu, tant que les ressources de la
« Fédération le permettront, d'allouer au Secrétaire permanent la somme
« de 200 francs par mois. »

Il demande au Congrès d'adopter cette proposition.

ANSALDI demande si, dans une ville où il y aurait un Syndicat non
fédéré, la Fédération recevrait des adhésions individuelles.

LAMBERT croirait préférable de se syndiquer à la ville la plus proche,
ce cas a été mis en pratique à Angers ; il estime que s'il y a encore
beaucoup de Syndicats de province non fédérés, c'est que la propagande
n'est pas assez active.

Il déclare en outre que son Syndicat a retiré ses propositions sur les
Fédérations Régionales et est étonné de voir la question à l'ordre du
jour.

ROBERT déclare qu'il lui a été matériellement impossible d'avertir en
temps voulu les syndicats fédérés.

Sur les adhésions individuelles, les 2 paragraphes de la page 10 du
rapport fédéral sont mis aux voix et adoptés à l'unanimité moins une
voix, celle d'Angers.

Le Président donne lecture des Statuts.

Les articles de 1 à 10 sont adoptés sans discussion.

Sur l'article 10, ainsi conçu :

« Le Conseil Fédéral convoquera les Congrès ordinaires et extraor-

« dinaires ; il en adressera l'ordre du jour au moins trois mois à l'avânce,
« afin que les Syndicats fédérés aient le temps nécessaire d'y apporter
« les additions ou amendements qu'ils jugeraient utiles. »

DAVID demande que le Comité Fédéral y tienne la main, afin que les
organisations aient le temps voulu pour discuter à temps dans les
Assemblées Générales, l'ordre du jour du Congrès et donner mandat à
leurs délégués.

L'article 10 est adopté.

Les articles 11 et 12 sont adoptés.

Article 13 :

« Le Conseil Fédéral choisira parmi ses membres un Bureau composé
« d'un Secrétaire-Général, d'un Secrétaire-Adjoint ou deux, selon les
« besoins.
« Les Membres du Bureau formeront le Comité exécutif et pourront se
« réunir, pour les cas urgents, dans l'intervalle des réunions du Conseil
« Fédéral.
« Le Conseil Fédéral devra surveiller le travail des Membres du
« Bureau qu'il pourra révoquer lorsqu'ils ne rempliront pas leur mandat
« et négligeront les affaires de la Fédération. Enfin, il aura encore et
« surtout pour devoir d'assurer l'exécution des décisions du Congrès. »

ROBERT demande la suppression du poste de Trésorier ; il déclare
que depuis que la Fédération est fondée, c'est le Secrétaire qui a rempli
ces fonctions ; les Commissions de Contrôle qui se sont succédées n'ont
eu aucune observation à formuler, d'ailleurs, le camarade Craissac, en
raison de ses occupations multiples ne pouvait s'en occuper.

Le Secrétaire reçoit les adhésions et les cotisations et en accuse
réception ; pour ces motifs le Conseil Fédéral demande la suppression de
cette fonction inutile.

TESTAUD, au nom de la Chambre Syndicale des Peintres de la
Seine, demande le maintien du Trésorier ; il y aurait alors un camarade
qui déchargerait de beaucoup le Secrétaire ; il croit que dans toutes les
Fédérations il y a un Trésorier.

ROBERT déclare qu'il est inutile de regarder ce qui se passe dans les
autres Fédérations, mais cite néanmoins la Métallurgie où ces fonctions
n'existent pas.

CRAISSAC explique les raisons qui l'avaient amené à accepter le poste
de Trésorier et qu'il a remis ses fonctions immédiatement à Robert en
qui il avait et a la plus grande confiance ; il appuie fortement la proposition du Comité Fédéral ; il exprime les craintes que si le Congrès
n'adopte cette manière de voir, la bonne administration de la Fédération
pourrait en souffrir, d'ailleurs, pour sa part, il ne reposera pas sa candidature.

La proposition du Comité Fédéral : Suppression du Trésorier, est
adoptée à l'unanimité moins 2 voix.

Le Président fait remarquer que l'on a oublié de voter sur la proposition fixant le traitement du Secrétaire à 200 francs par mois et qu'il y
a lieu d'y revenir.

ROBERT, sur cette proposition, pose la question de principe et
demande au Congrès s'il y a lieu d'appointer le Secrétaire-Trésorier.

Adopté à l'unanimité.

Sur le montant de l'allocation, Robert explique qu'elle ne peut être inférieure à 200 francs par mois, il en fait ressortir les légitimes raisons : secours à accorder aux passagers ainsi qu'aux victimes du chômage ; il croit que pas un camarade ne puisse dire qu'il n'a pas été l'objet de pressantes sollicitations.

Il estime aussi que les cotisations ne sont pas assez élevées, mais espère couvrir les frais avec la subvention municipale de 1.000 francs.

ANSALDI déclare qu'il ressort des déclarations de Robert, que le Comité Fédéral sera toujours à Paris.

CRAISSAC estime qu'il faut adopter la proposition de fixer à 200 francs au minimum par mois le traitement du Secrétaire, car il faut bien comprendre que celui qui en a les fonctions doit avoir l'indépendance et être débarrassé de tout souci de la vie matérielle.

La proposition mise aux voix est adoptée moins Angers et la C. S. des Peintres de la Seine.

La séance est levée à midi.

Séance du 6 Septembre (Soir)

La séance est ouverte à 2 heures.

DAVID lit une lettre de l'Estudiantina Italienne, par laquelle cette Société remercie la Fédération Nationale de Peinture des grâcieusetés faites lors de la fête de famille qui a clôturé le banquet des Congressistes du 4 Septembre. Cette Société invite les délégués au Congrès à assister à une soirée offerte le Samedi 10, à l'Eldorado.

L'invitation est acceptée.

Les articles 14 et 15 sont adoptés.

Commission de Contrôle

Article 16. — ROBERT fait remarquer que la Commission de Contrôle est un des rouages les plus nécessaires ; il est de toute nécessité d'y avoir des camarades sérieux ayant connaissance de leur rôle, avec l'article actuel les contrôleurs ne sont pas rééligibles. Cette mesure prive souvent ces Commissions d'hommes compétents ; pour ces raisons, il demande au Congrès de supprimer le paragraphe, c'est-à-dire qu'ils seront rééligibles.

Article 16, adopté avec la modification proposée par Robert.

Article 17. — Adopté.

Article 18. — ROBERT déclare que cet article a été fait au début de la Fédération, mais aujourd'hui il n'a plus d'utilité, vu qu'on est obligé de se borner à faire des appels aux organisations, la Fédération ne possédant pas de caisse de grève.

MAZOUAUD, au nom de son organisation fait la déclaration suivante :

Camarades,

« Le Syndicat des Ouvriers Peintres de Brive s'est fait un devoir de « s'imposer les charges de l'envoi d'un délégué au Congrès de Grenoble, « en se rappelant le beau mouvement de solidarité que montrèrent les « organisations fédérales de la Peinture en Juin 1903.

« Les bonnes paroles réconfortantes dont les camarades Secrétaires « des C. S. amies se firent les échos, les encouragements constants du « Comité Fédéral et les bons conseils du dévoué Secrétaire, le camarade

« Robert, qui n'eut d'autres préoccupations que de nous les donner à
« profusion, et, nous le déclarons, furent très efficaces et jointes aux
« subsides que vous nous avez tous envoyés, nous conduisirent à la
« victoire.

« Oui, camarades, nous devons vous rappeler que sans le Secrétaire
« de la Fédération, nous n'arrivions pas à nous diriger, car nous étions
« jeunes, il a été la tête qui pense et nous les bras qui agissent.

« Donc, camarades, nous rappelant tout ceci, nous avons eu à cœur
« de venir prouver notre reconnaissance à la grande famille de la Fédé-
« ration Nationale de Peinture et vous remercions sincèrement tous de
« nous avoir soutenus dans nos justes revendications.

« Camarades délégués, nous vous prions donc de faire savoir aux
« organisations que vous représentez, que Brive ne faillira jamais et
« qu'il répondra toujours aux appels qui pourraient lui être adressés.

« Vos frères de Brive soutiendront toujours les guerres entamées par
« le prolétariat contre la classe dirigeante et vous lancent à tous le cri de
« Merci ! »

ROBERT, au nom du Comité Fédéral, propose au Congrès d'adopter
la modification ci-après :

« Dès qu'un Syndicat fédéré ayant rempli les obligations édictées
« par les articles 18, 19 et 20 des Statuts, se sera déclaré en grève, tous
« les autres Syndicats fédérés devront imposer à chacun de leurs
« membres une cotisation exceptionnelle, supplémentaire et obligatoire
« de 25 centimes par semaine.

« Le produit de cette cotisation sera envoyé à la Fédération qui fera
« le nécessaire pour le faire parvenir en temps utile aux intéressés.

« Les grèves ne durant pas plus de 8 jours ne pourront profiter de la
« cotisation obligatoire. »

BOURLON est d'avis que cette nouvelle disposition à l'article additionnel soit placée à la suite de l'article 19.

ROBERT demande qu'il devienne article 17 bis.

BOURDOT appuie la proposition de Bourlon.

La proposition du Comité Fédéral est adoptée et sera placée à la
suite de l'article 19.

Article 18. — Adopté.

Article 19. — BOURDOT demande la suppression des 2e et 3e paragraphes.

LAURAS estime que les Syndicats sont bien mieux placés et ont mieux
qualité que le Comité Fédéral pour savoir quand et comment ils doivent
déclarer la grève.

La clôture, mise aux voix, est prononcée.

ROBERT voit dans cette question la responsabilité du Comité Fédéral
engagée et ne croit pas devoir laisser les Syndicats libres de pouvoir
déclarer la grève sans l'assentiment du Comité Fédéral.

Il engage le Congrès à envisager la situation de la Fédération qui ne
peut soutenir plusieurs grèves à la fois.

Sur la demande de plusieurs délégués, le Président consulte l'Assemblée à savoir si l'on doit de nouveau accorder la parole sur la question.
Adopté.

BOURDOT dépose une proposition tendant à supprimer les 2e et 3e
paragraphes de l'article 19.

ROBERT demande sur ce vote l'appel nominal.

Par 18 voix contre 9 et 1 abstention, la proposition Bourdot est repoussée.

Ont voté pour : *Limoges, Perpignan, Cette, Angers, Cherbourg, C. S. de la Seine, Tours, Montpellier, Rouen, Saint-Quentin.*

Ont voté contre : *Lettres et Attributs de Paris, Caen, Saint-Amand, Toiles cirées de Bourges, Reims, Arles, Versailles, Saint-Brieuc, Tulle, Peintres-Plâtriers de la Nièvre, Bordeaux, Niort, Alger, Brive, Rochefort, Grenoble, Peintres-Plâtriers de Saint-Etienne, Union Internationale de Saint-Etienne.*

ROBERT déclare que malgré que la proposition Bourdot a été repoussée le Comité Fédéral tiendra compte des indications formulées à cette discussion.

CRAISSAC déclare à son tour que le Comité Fédéral n'impose ni interdit une grève, mais avec l'article additionnel il aurait pu établir une plus juste répartition des ressources.

BOURDOT dit que le maintien de l'article est arbitraire ; si les grèves réussissent, c'est qu'elles sont faites en temps opportun et si on est obligé d'attendre le résultat des délibérations du Comité Fédéral, on risque fort d'en compromettre le succès.

CRAISSAC demande à Bourdot de rédiger une proposition pour ne faire du Comité Fédéral qu'un applicateur au lieu d'un indicateur.

BOURDOT dépose une nouvelle proposition :

« Lorsqu'un conflit viendra à se produire, le Syndicat intéressé devra
« immédiatement en aviser le Comité Fédéral, qui en avisera les Syndi-
« cats intéressés.

« Le Comité Fédéral se conformera aux décisions prises par les
« Syndicats en grève. »

Le Président met aux voix par appel nominal cette nouvelle proposition.

Par 18 voix contre 9 et 1 abstention, elle est repoussée.

Le vote par mandat a lieu de la même façon que sur la précédente.

Article 20. — ROBERT est d'avis qu'en vertu de la suppression des 2° et 3° paragraphes de l'article 19, l'article 20 n'a plus sa raison d'être et doit disparaître.

La suppression de l'article 20 mise aux voix est adoptée.

BOURDOT propose pour le remplacer, l'article suivant :

« La Fédération devra accorder des secours par droit de priorité aux
« Syndicats fédérés en grève. »

La nouvelle rédaction de l'article 20 mise aux voix est adoptée.

Sur la demande de quelques délégués, la séance est suspendue pour un quart d'heure.

À la reprise, Bourdot dépose une nouvelle proposition à l'article 19 ; la dite proposition est signée d'un certain nombre de délégués, hors séance.

ROBERT déclare qu'à la proposition déposée devrait être opposée la question préalable ; il s'élève avec énergie contre ce racolage de signatures dans les couloirs; il aurait compris cette manœuvre s'il n'y avait eu que quelques voix de majorité, mais au contraire, il avait la moitié des voix en plus et si l'auteur de la nouvelle proposition maintient qu'elle soit mise aux voix, il demande à nouveau l'appel nominal.

DAVID invite le Congrès à porter une attention sérieuse sur ce qu'il va faire.

BOURDOT estime que les camarades de Paris qui ont des mandats pour la province devraient s'abstenir.

ROBERT déclare que les organisations qui n'ont pas envoyé de délégués ont eu un rapport détaillé qu'elles devraient avoir étudié avec soin et mandaté leurs représentants sur toutes les questions soumises; or, c'est tout le contraire qui se produit, les mandats représentatifs ont été envoyés sans indications ; en conséquence il ne peut s'en rapporter, avec Bidault, qu'à leur propre conscience.

GUÉNOB est d'avis que pour l'avenir de la Fédération il est utile de laisser les syndicats de province libres d'être juges de leur situation.

RATILLON estime que s'il y a des négligences de commises, ce sont les syndicats qui n'ont pas envoyé d'indications sur les votes et comme conséquence ne croit pas que ces organisations puissent faire un grief à leurs représentants sur des votes que ces derniers émettent, puisqu'ils les ont laissés libres d'agir.

DAUBRY demande qu'à l'avenir ce soient les syndicats de province qui possèdent les mandats des organisations de province non représentées.

DAVID parle dans le même sens que Ratillon et contrairement à Daubry, il ne peut donner plus de droit aux délégués de province pour les mandats représentatifs, ce peut être aussi bien des camarades de de Paris qui peuvent remplir ce rôle et termine en invitant le Congrès à ne pas revenir sur son vote précédent.

NOGUEZ reconnaît que Robert n'a en vue en ce moment que les intérêts de la Fédération et reconnaît aussi aux délégués de province le droit de soutenir les leurs.

CRAISSAC estime pour l'avenir, qu'il y a lieu de prendre des précautions et dépose la proposition ci-après :

« Aux Congrès ultérieurs, ne prendront part au vote que les Syndicats
« effectivement représentés. »

Le Président rappelle qu'il y a toujours la proposition de Bourdot à mettre aux voix, il demande à Robert s'il maintient sa demande de vote par appel nominal. Ce dernier répond affirmativement.

Une très vive discussion s'engage alors parmi les délégués et qui aboutit au retrait de la proposition Bourdot, qui se trouve condamnée par avance au rejet, par suite du vote par appel nominal.

Le Président met alors aux voix la proposition Craissac. Avant le vote CLAVEL de Grenoble ajoute un amendement à la proposition; il est ainsi conçu :

« Ou ayant envoyé des mandats détaillés qui, pour chaque question
« seront interprétés, soit par le bureau du Congrès, soit par le délégué,
« s'il est désigné nominativement. »

MAZOUAUD déclare qu'il votera contre, car son organisation ne pourra confier son mandat à un inconnu.

La proposition ainsi amendée, mise aux voix, est adoptée moins 1 voix et 1 abstention.

Congrès

ROBERT demande que les Congrès soient fixés au mois de Mai, ce qui permettrait d'étudier des questions pouvant être portées à l'ordre du jour du Congrès Confédéral qui a toujours lieu en Septembre.

L'article 21 est adopté sans modification avec bénéfice de la demande de Robert.

Sur l'article 22, LAURAS de *Rouen* dépose une proposition au 1er paragraphe.

« Les Syndicats ont droit à 1 délégué par 100 membres ou fractions « de 100 membres, sans pouvoir dépasser le nombre de 3 délégués.

« Ces organisations auront droit à autant de voix qu'elles auront de « délégués. »

Cette proposition mise aux voix est repoussée à l'unanimité moins 1 voix.

Les 3 paragraphes de l'article 22 sont adoptés.

Les articles 23, 24 et 25 sont adoptés.

L'ensemble des statuts mis aux voix avec les modifications apportées est adopté à l'unanimité.

DAUBRY propose d'aborder la question de l'*Ouvrier Peintre*.

ROBERT prend à témoin le Congrès de sa fatigue, il demande au Congrès de réserver la question pour la séance du lendemain et de discuter toute autre question en remplacement.

RATILLON propose qu'il soit tenu une séance de nuit.

ROBERT l'appuie parce que le lendemain, il sera pris à la Bourse du Travail de *Grenoble*, où il doit rendre compte de son mandat de délégué à la Fédération des Bourses.

En conséquence, il sera tenu une séance de nuit aux mêmes heures que la précédente.

Le bureau pour la 4° journée, est ainsi composé : RATILLON comme président, LAURAS et LECLUZE assesseurs.

La séance est levée à 5 heures 1/2.

Séance du 6 Septembre (*Nuit*)

De l'Apprentissage

La séance est ouverte à 8 heures 1/2.

RATILLON déclare que cette question est des plus graves et des plus sérieuses en raison du préjudice qu'elle cause aux peintres en lettres. Il y a des maisons à Paris, où il n'y a qu'un ouvrier de cette catégorie et 5 ou 6 jeunes gens, auxquels on n'apprend rien qu'à remplir des lettres, à faire des courses ou corvées, toutes choses qui sont en dehors du métier — par la suite, ces mêmes jeunes gens ne peuvent plus s'embaucher que comme finisseurs ; ils ne gagnent pas grand chose et n'apprenant plus rien, ils créent ainsi faisant, une nouvelle spécialité, se faisant tort à eux-mêmes et fatalement aux véritables ouvriers.

Il cite comme exemple une importante maison de Paris, la Maison BLACHE dont le propriétaire est un ex-valet de chambre, qui, pour arriver à faire de cette maison ce qu'elle est devenue, a forcément fait du tort aux ouvriers, où le finisseur de lettres ne gagne que 2 fr. par jour.

La Chambre Syndicale des Peintres de lettres a essayé de faire réglementer l'apprentissage en s'adressant aux pouvoirs publics ; les réponses reçues de ces derniers (Députés, Ministres, etc), n'ont été que de véritables accusés de réception. Le nombre restreint de Sociétaires de la Chambre Syndicale ne permet pas que leurs efforts arrivent à un résultat.

Il dit qu'il y aurait lieu de constituer un examen à fin d'apprentissage, pour délivrer un certificat d'ouvrier et il demande que la question soit traitée avec beaucoup d'ampleur devant le Congrès pour arriver à essayer d'enrayer cette espèce d'apprentissage factice.

Il termine en disant qu'une quantité de parents ne se rendent pas compte des dépenses que peut occasionner l'apprentissage, et qu'ils désirent au contraire une rétribution de suite, ce qui est loin de faire compensation pour plus tard, puisque l'apprenti ne sera pas ouvrier, n'ayant pas appris son métier ; il demande donc une sanstion du Congrès à ce sujet.

DAUBRY serait désireux que l'on joigne à la question de l'apprentissage celle des « Mesures à prendre contre le chômage. »

DAVID demande comme motion d'ordre que la question des « Lois sur l'Hygiène et la Salubrité publique » soit rattachée aux deux questions précitées, en raison de leur connexité.

ROBERT, au nom du Conseil Fédéral, appuie ces deux demandes. — Adopté.

DAUBRY dit qu'à Paris, les 3/4 des apprentis n'apprennent rien, sauf à faire des courses, balayer des chantiers, etc, et dépose deux propositions distinctes à ce sujet.

LORTHIOIS signale qu'à Roubaix, un grand nombre de décorateurs venant de Belgique et d'Anvers viennent travailler à des prix en dessous du tarif de Roubaix, et il demande que l'on assiste la C. S. sur tous les points relatifs à ce sujet.

GUÉNOB dit que la question de l'apprentissage sera très longue ; parlant plutôt pour Paris, il signale que l'apprenti mène les gosses du patron à l'école, va à la cave chercher le vin, fait en général les travaux les plus pénibles. C'est le patron qui en profite au détriment de l'apprenti comme de l'ouvrier.

Pour le bien-être de la corporation, il y a et il faut prendre des mesures.

BOURDOT fait remarquer que c'est surtout en province que l'exploitation des apprentis est la plus éhontée, car, dit-il, lorsque l'apprenti arrive à l'âge de 16 à 18 ans, on le met à la porte et l'on en prend un autre ; on embauche aussi des gens non professionnels qui occupent une proportion de 50 o|o dans le métier.

LAURAS dit qu'à Rouen cette proportion est de 60 %.

MAZOUAUD explique qu'en province, dans le midi surtout, où la plupart du temps on fait les deux parties : plâtre et peinture, il y a les manœuvres ou jeunes gens qui servent les plâtriers, et lorsque ces derniers ont tout ce qu'il leur faut, on fait faire aux premiers des travaux de peinture, et qu'il serait à désirer que ceci ne se produise pas, et que le nécessaire soit fait à ce sujet pour l'éviter à l'avenir.

CRAISSAC dit qu'il faudrait créer dans tous les Centres, une agitation pour que des mesures soient prises et demandées contre les patrons trompant sur la qualité de la marchandise vendue, et il demande qu'un mandat ferme soit donné au Conseil Fédéral pour qu'il s'attache à cela.

Il termine en demandant ce qui a été fait à Grenoble pour cela, et que l'on pourrait se baser sur les résultats obtenus par les camarades, que l'on ne peut que féliciter de leur belle et énergique campagne.

TESTAUD ne veut pas rééditer tous les arguments des orateurs précédents, mais est entièrement de leur avis. Parlant de l'apprentissage, il dit qu'il existe à ce sujet le contrat verbal et le contrat par écrit, Quand un patron prend un apprenti, c'est qu'il s'engage à en faire un ouvrier ; à la fin de l'apprentissage, si les parents constatent que l'enfant ne connaît pas son métier, qu'ils peuvent le faire démontrer il y a et peut y avoir une indemnité à réclamer.

Pour ne pas arriver à la rupture du contrat, c'est un conseiller prud'homme, qui peut être chargé de surveiller l'apprenti ; il a le droit de dresser son rapport et de faire attribuer aux parents de l'enfant des indemnités ; mais d'un autre côté il y a réprocité,

Si l'apprentissage est confié à la surveillance d'un conseiller prud'homme c'est pour tous les cas et non seulement dans les conflits, cela est possible à Paris. sinon en province, parce que les prud'hommes touchent 1.800 francs, ils ont tout le loisir de surveiller l'apprentissager.

Il déclare qu'il serait partisan jusqu'à un certain point de la proposition Daubry, mais avant que le gouvernement bourgeois accorde la surveillance obligatoire, il faudrait aussi que les ouvriers eux-mêmes soient plus conscients.

Parlant de la connexité des trois questions, il dit que le patronat n'a guère à craindre de la question d'hygiène ; alors que la question du chômage touche de près celle des apprentis, mais elle a d'autres causes et il reprend les arguments de Craissac pour la lutte contre les malfaçons, en établissant la différence et les points très distincts qu'il y a entre les fraudes et les malfaçons.

Pour les réprimer il y aurait des moyens, mais on ne veut pas nous les donner, toujours par suite de l'inconscience ouvrière.

A Paris, nous avons demandé depuis quatorze ans la création d'inspecteurs ouvriers pour les travaux du bâtiment et nous les attendons toujours...

Pour nous accorder un semblant de satisfaction, le Préfet de la Seine créa, lui, un corps de bonshommes chargés de veiller à l'exécution des travaux, disant qu'après expérience il verrait à mettre définitivement en pratique, la décision du Conseil Municipal qui avait voté 27,000 francs, pour cette création.

Mais les inspecteurs nommés ainsi n'étaient pas du bâtiment, et Testaud cite un fait typique à ce sujet : des égoûts en construction s'étant écroulés, l'expertise révéla en même temps que les nombreuses fraudes de l'entrepreneur, que l'inspecteur des travaux était un... horloger.

Eh ! bien puisqu'à Paris et même en province lorsqu'il s'agit de faire une réforme, il n'y a jamais d'argent, pourquoi n'aurait-on pas donné le droit aux conseillers prud'hommes, et l'autorisation d'aller sur les chantiers de la ville, pour l'examen des travaux, cela sans augmentation de salaires.

La question était trop grave, car de ce jour, c'en était fait des bénéfices de l'entrepreneur ou de l'architecte, payés par nous deux fois comme contribuables et comme ouvriers.

Voilà ce qui a été tenté à Paris. Mais ce qu'il y a de plus épouvantable, c'est que par voie de journaux ou de circulaires, on a tenté le plus souvent possible d'engager les ouvriers de nous dénoncer les chantiers où il y avait des malfaçons de commises, sans crainte de divulgation de leurs noms, sous l'entière responsabilité des prud'hommes ouvriers, responsabilité très grande, car il y avait diffamation, si l'on ne pouvait et même si l'on n'arrivait à prouver les faits, gros de conséquences dans une affaire pareille.

Testaud parle non seulement pour les travaux de la ville, mais encore pour ceux des propriétaires qui ont des intérêts en jeu.

Dans la construction d'un bâtiment, dit-il, l'entrepreneur signe un engagement concernant la qualité et la quantité des marchandises, pour l'exécution des travaux. Il faut donc, s'il est possible, dénoncer au propriétaire, qui se doute généralement, en raison des énormes rabais consentis, qu'il est trompé, et qui poursuivrait alors l'entrepreneur.

Testaud cite le cas d'un de ces derniers qui fut complètement ruiné parce que s'étant mis dans ce même cas ; il en serait de même de bien d'autres si les travailleurs le voulaient.

Après recherches, on a pu trouver un texte de loi conforme à l'article 423 du Code pénal, qui avait été appliqué par un arrêt du 16 novembre 1872 de la Cour de cassation, confirmant, en matière de travaux publics, l'article 423 précité. En sont passibles les entrepreneurs, non à forfait, mais ceux sur devis estimatifs.

L'orateur préconise l'application, autant que possible, de l'article 423, en parlant des grands travaux, et comment certains entrepreneurs opèrent ; quand un entrepreneur, dit-il, aura subi, au lieu de peines financières, une peine d'emprisonnement, cette dernière lui faisant peur et autrement tort que les premières, voilà où l'on aura le moyen d'empêcher ces malfaçons. Si tous les travailleurs voulaient seconder quelques hommes et les organisations syndicales, on pourrait supprimer ainsi 50 o/o du chômage.

Au point de vue de l'hygiène publique, Testaud explique comment l'on nettoie habituellement un appartement à Paris.

Testaud parle du Congrès d'hygiène de Bruxelles, qui a reconnu que la punaise était une des conductrices principales de la tuberculose ; il cite un fait scientifique comme preuve ; ce sont les médecins, toute la science qui le disent. Les commissions d'hygiène et de salubrité publique à Paris ont dans leur sein des membres qui, pour la plupart, n'ont aucunes connaissances spéciales, et qui d'ailleurs logent généralement dans des logements sains et aérés. Dans les grands appartements bourgeois, ces derniers ont le droit de demander des dommages-intérêts aux propriétaires ou résiliation de bail pour cause d'insalubrité notoire ; de ce fait ils ne sont pas soumis de la même façon que les ouvriers aux influences pernicieuses des logements insalubres.

Il faut que les syndicats s'abouchent avec ces comités ou commissions pour signaler tous logements insalubres ; il y aurait et il y a possibilité de faire supprimer de pareils abus.

Le but obtenu serait double, car nous aurons diminué le chômage d'un côté, de l'autre préservé la santé des ouvriers.

Voilà comment, dans la société bourgeoise, nous ne voyons que ce moyen pratique en attendant ce que nous serons capables d'exiger d'eux ; mais il faut que tous les syndiqués soutiennent encore de nouveaux dévouements pour ceux qui luttent ; ne pas oublier non plus de surveiller sans répit l'inspection du travail, en attendant qu'elle soit à nous.

Testaud appuie la proposition Craissac pour qu'un délégué spécial à cette question soit nommé par le nouveau Conseil fédéral, et il termine en citant l'impudence d'un entrepreneur qui, ayant des travaux de peinture à exécuter à la manufacture d'Issy-les-Moulineaux, ne craignit pas de faire chauffer, au milieu de la cour, de la colle pour encoller des murs avant de peindre, alors que cela était formellement interdit dans le cahier des charges.

Il faut être pratique avant tout et ne pas se contenter de déclarations dans les réunions ; il faut surveiller, apporter des faits précis, avec rapports au besoin, auxquels on ne pourrait s'empêcher de répondre et de donner la suite qu'ils comportent ; pour tout cela il faut de la volonté, de l'énergie ; il y a la possibilité de lutter, à nous de le faire si nous le voulons. (Vifs applaudissements).

Le Président donne lecture des différents ordres du jour qui lui sont parvenus de :

1° Mazouaud.

2° Cruels.

3° Lauras et Robert, Bidault et Lécluze.

4° Bourlon.

5° Noguez et Ansaldi.

6° Lagrèze-Lauras et Mazouaud.

BIDAULT, au nom du Comité Fédéral, donne lecture du passage du rapport sur cette question, y compris les mesures à prendre contre le chômage et les lois sur l'hygiène et la salubrité publique.

« *Réglementation de l'apprentissage*, dont nous avons également
« parlé à l'occasion de la proposition de la Chambre syndicale des pein-
« tres de lettres et d'attributs.

« *Mesures à prendre contre le chômage*.

« Le Conseil Fédéral trouve cette proposition très urgente et arrivant
« à son heure. Il y a de nombreux moyens de parer au chômage dont
« nous sommes continuellement victimes. Les principaux sont la suppres-
« sion du travail aux pièces et du marchandage, la surveillance rigou-
« reuse et la dénonciation des mal façons, et, en tout premier lieu, la di-
« minution de la durée de la journée de travail.

« Il est certain que le travail aux pièces cause un grand préjudice
« aux ouvriers, non seulement de notre corporation, mais de toutes les
« autres. Pour gagner un peu plus ou avoir terminé plus tôt sa tâche,
« l'ouvrier se crève et plus tard, quand le patron lui retire le travail aux
« pièces, il lui impose une tâche aussi forte à la journée, ce qui occa-
« sionne que ce qu'on doit normalement faire de travail en deux jours,
« on est obligé de le faire plus tard en une seule journée.

« Le marchandage, c'est autre chose. Le patron confie une partie des
« travaux à un ouvrier qui devient alors un marchandeur. Celui-ci em-
« bauche une équipe de ses anciens collègues et les exploite encore,
« plus indignement que le patron. D'où surproduction et comme consé-
« quence plus long chômage.

« Sur la question des malfaçons, il n'est pas un ouvrier peintre, même le
« plus conscient, qui ne se soit rendu complice du patronat. On ne réfléchit
« pas, au moment où le patron vous dit qu'il vous donnera un léger pour-
« boire si vous pouvez arriver à faire sauter une couche sur deux, qu'on
« supprime la moitié du travail sans autre bénéfice que quelques sous
« qui, la plupart du temps, ne rentrent même pas dans le budget du mé-
« nage. Pendant ce temps, des ouvriers chôment alors qu'ils auraient
« travaillé si on avait exécuté le travail dans de bonnes conditions. Il faut
« donc signaler impitoyablement aux propriétaires, gérants, architectes
« ou autres personnes qui font exécuter des travaux de peinture, les mal-
« façons que le patron ou un contre-maître vous a commandées.

« Il est, à ce sujet, un préjugé dont il ne faut pas que nos camarades

« tiènnent compte, et qui consisterait à craindre de passer pour un déla-
« teur, en dénonçant les malfaçons. Quant un ouvrier voit le patron, de
« parti pris, supprimer de l'ouvrage, il doit se dire qu'il est victime d'un
« vol de salaires à toucher par lui ou ses camarades. N'est jamais consi-
« déré comme un délateur celui qui a été volé et qui porte plainte.

« Le cas est identique et nous ne voyons pas quelqu'un s'élevant con-
« tre celui qui, par le seul moyen à sa disposition, défend son pain, celui
» de sa famille et de ses camarades.

« Nous répétons, d'ailleurs, que le journal l'*Ouvrier Peintre* sera sur-
« tout destiné à dévoiler tous les abus qui se passent contre nous et les
« camarades qui enverront des faits quelconques, peuvent être assurés
« que leurs noms ne seront pas connus.

« *Les lois sur l'hygiène et la salubrité publique.*

« Il existe un grand besoin de nouvelles lois sur l'hygiène et la salu-
« brité. Nous devons cependant dire que si les lois et règlements actuels
« étaient strictement appliqués, aucun ouvrier du bâtiment et surtout
« aucun ouvrier peintre ne chômerait. Si l'on voulait rendre salubres les
« taudis dans lesquels est obligée de se loger la classe ouvrière, la plupart
« des maisons de Paris et de la province seraient à démolir. Si on faisait
« une loi pour imposer partout le Tout-à-l'Égout, on verrait s'exécuter
« d'immenses travaux qui permettraient à l'ouvrier de gagner largement
« sa vie. C'est pourquoi le Congrès devra sérieusement rechercher les
« moyens de faire appliquer les lois et règlements actuels, et, s'ils ne
« sont pas suffisants, d'en provoquer d'autres. »

DAUBRY déclare que lui aussi aurait à entretenir le Congrès sur la
question du chômage, mais vu l'heure tardive, il demande à ce que son
tour de parole soit réservé pour le lendemain.

CRAISSAC estime que les explications qui ont été fournies sur l'apprentissage, le chômage et l'hygiène, sont suffisantes, qu'il serait bon de continuer la discussion, pour liquider ces questions qui, si elles étaient remises au lendemain, entraîneraient sûrement une perte de temps.

ROBERT appuie les paroles de Craissac et demande à Daubry de vouloir bien être court.

La clôture avec les orateurs inscrits étant demandée est prononcée.

ANSALDI explique son ordre du jour sur les travaux des navires qui
sont exécutés par des manœuvres qui, petit à petit, arrivent à faire de la
peinture avec des journées relativement bien au-dessous de celles payées
aux ouvriers peintres; il arrive alors que les bons ouvriers sont obligés de
céder la place aux manœuvres. Il demande aussi que la Fédération Nationale de Peinture fasse appel auprès de la Fédération des Inscrits
maritimes pour que cette dernière interdise également les travaux de
peinture faits à bord des navires par les inscrits.

GUÉNOB est d'avis que, pour enrayer le chômage il y a, outre la journée de huit heures, le repos hebdomadaire.

Les grands magasins de Paris et de Lyon ferment leurs magasins le dimanche pendant trois mois; plusieurs villes ont suivi cet exemple, mais
avec cette mesure, c'est le repos des employés et non celui des ouvriers
du bâtiment, qui font alors des travaux les jours de fermeture.

En Allemagne, en Angleterre, le patronat est obligé de demander
l'autorisation pour faire travailler le dimanche.

En Amérique, la journée est de huit heures, et chaque fois qu'il y a des
heures supplémentaires, elles sont doublées.

Il demande à Craissac de faire traiter cette importante question par des journalistes et au Conseil fédéral d'appuyer tout ce qui sera tenté pour l'obtenir.

CRAISSAC demande qu'à l'avenir il soit fait application du règlement qui n'accorde que 10 minutes aux orateurs.

La séance est levée à 10 heures 40.

Séance du 7 septembre (*matin*)

La séance est ouverte à huit heures précises, avec le bureau désigné la veille.

LE SECRÉTAIRE donne lecture des procès-verbaux qui sont adoptés.

MAZOUAUD trouve qu'un point n'a pas été touché dans la discussion qui eut lieu précédemment, c'est celui des rabais ; à son avis, il trouve utile de faire des réunions aux patrons pour leur démontrer combien ils ont tort de faire des rabais.

A Brive, leurs efforts dans ce sens ont été couronnés de succès, et la corporation a obtenu une augmentation dans les prix de journée, il invite les organisations à suivre cet exemple.

DAUBRY énumère les quatre questions qu'il désirerait voir prises en considération.

1° Suppression du travail le dimanche ;

2° Suppression du rabais dans les bâtiments neufs ;

3° Faire respecter les décisions de la Commission de salubrité.

4° Indemnité versée par les patrons pour le blanchissage des vêtements ouvriers.

DAVID dit que toutes les mesures adoptées ou prises par la Chambre syndicale de Grenoble pour enrayer le chômage et le respect de l'hygiène et de la salubrité publique, lui ont permis de faire de nombreuses constatations ; à Grenoble, il existe un atelier où le patron, lorsqu'il a de gros travaux à exécuter, s'en va en Italie et revient avec un wagon complet de jeunes gens.

La Chambre syndicale demanda une audience à l'Inspecteur du travail pour savoir les mesures propres pour enrayer ce mouvement. Ce dernier répondit que lorsqu'un jeune homme rentrait dans un atelier, on devait exiger un contrat d'apprentissage, qu'il y avait aussi une loi interdisant le charroi de lourdes charges aux jeunes gens.

A Grenoble, il est difficile de pouvoir appliquer le contrat d'apprentissage par rapport à la nationalité, mais il croit que dans les autre villes l'application peut en être facilement faite.

Les apprentis sont une véritable cause du chômage dans la corporation ; il serait bon de demander une limite et de démontrer aux familles combien il est dangereux pour leurs enfants de les lancer dans cette profession, sous le fallacieux prétexte qu'ils touchent en commençant une petite journée de manœuvre.

La Chambre syndicale lança également une circulaire aux propriétaires leur faisant connaître qu'elle tenait à leur disposition des ouvriers experts pour vérifier les travaux ; d'éditer des brochures indiquant les malfaçons au public, c'est là un devoir à toutes les organisations à faire leur possible dans ce sens, brochure contenant toutes les explications voulues.

Avec ces différents moyens, il croit que la lutte contre le chômage serait de beaucoup simplifiée, vu l'emploi d'ouvriers du métier.

Au sujet du respect de la loi sur l'hygiène et la salubrité publique, c'est aux municipalités que les syndicats doivent s'adresser.

En terminant, il demande également que le travail du dimanche, ainsi que les heures supplémentaires, soient comptés doubles, et dépose, au nom de la Chambre syndicale de Grenoble, une proposition dans le sens des observations qu'il vient d'indiquer.

TESTAUD demande une motion d'ordre.

Vu le grand nombre de propositions qui ont été déposées au bureau, il demande qu'il soit choisi une commission chargée de sérier les diverses propositions et de n'en faire qu'une de celles qui seraient à peu près dans le même sens.

LE PRÉSIDENT donne la nomenclature de ces propositions, qui sont au nombre de 22.

Sont désignés pour cette commission les camarades Testaud, Bourdot et Daubry.

Cette commission se réunira à 1 h. 1|2 de l'après-midi.

Le Journal « L'Ouvrier Peintre »

BIDAULT, au nom du Conseil Fédéral, donne lecture des passages du rapport concernant la question du journal. Il en commente une certaine partie et termine en disant que ce rapport résume très bien la question, attendu qu'en démontrant les avantages de l'organe, il donne les moyens de le faire reparaître, si les Syndicats veulent s'imposer les sacrifices nécessaires à cet effet.

TESTAUD estime cette question de la plus haute importance en raison des sacrifices imposés ; cependant il déclare qu'il a mandat de voter contre. Si son organisation l'a mandaté dans ce sens, c'est rapport aux charges pour assurer la vitalité du journal ; il faut 0,10 par mois et par membre ; il ne peut prendre l'engagement d'accepter cette augmentation. Si cependant le Congrès la vote, son Syndicat s'inclinera.

LÉCLUZE croit qu'il est de toute nécessité que la corporation ait, à l'instar des autres corporations, son organe spécial où elle puisse faire des revendications et livrer à la publicité les méfaits et abus commis par le patronat. Pour la part de son organisation, il a été résolu, en la dernière assemblée, d'augmenter la cotisation mensuelle de 0,05 ou de 0,10 par membre pour l'abonnement au dit journal ; il demande que le journal soit reçu directement par les secrétaires de Syndicats qui, eux, se chargeront d'en faire la distribution à leurs membres lors des réunions mensuelles, ce qui évitera les frais d'envoi particuliers aux abonnements individuels.

GUÉNOL dit qu'il a mandat de voter contre toute augmentation de cotisation ; il énumère le grand nombre d'obligations qu'ont les syndiqués, la multiplicité des organes de la question économique et exprime la crainte que si on oblige les adhérents à prendre l'*Ouvrier Peintre*, le but que l'on se propose d'atteindre en soit détourné.

LÉCLUZE répond qu'ils n'ont pas forcé leurs camarades, mais ce sont bien eux qui ont fait la proposition qu'il a développée.

LAMBERT croit que c'est un devoir aux organisations de s'imposer le journal, mais elles ne peuvent obliger leurs membres aux mêmes conditions.

CRUELLS dit qu'il faut envisager les nombreuses charges : abonnement à la *Voix du Peuple,* cotisation fédérale, cotisation aux Bourses du Travail. Si on en impose de nouvelles, il craint des démissions.

Noguez voit, dans les déclarations qui ont été faites par le camarade Robert et le rapport du Comité Fédéral, que l'on se trouve dans la presque impossibilité d'assurer l'existence du journal ; il estime que l'on devrait s'y arrêter et cesser la publication.

Lagrèze déclare que plusieurs numéros contenaient des articles à tendance politique, qui ne peuvent que froisser les opinions des lecteurs; il invite le Comité Fédéral à prendre des mesures contre à l'avenir.

Robert répond qu'il met au défi quiconque de dire que le journal a fait de la politique. Il y eut quelquefois des camarades qui échangèrent leurs vues sur les moyens d'action.

Il estime que tout serait évité si les organisations avaient considéré les circulaires leur demandant d'envoyer des articles ; d'ailleurs ces critiques ne sont pas particulières au journal, on adresse les mêmes à la *Voix du Peuple*.

Il est urgent de couper court à tous ces racontars dans l'intérêt même du journal, et pour qu'il puisse vivre, il faut un minimum de 2.000 numéros et une vente de 100 fr. par tirage; pour arriver à ce résultat, il ne voit qu'un moyen, c'est de le rendre obligatoire.

David dit que si la Chambre Syndicale de Grenoble a demandé la reconstitution du journal, c'est qu'elle a jugé qu'il était indispensable, pour entreprendre la campagne contre les abus quels qu'ils soient.

De la discussion qui est en cours, il ne peut croire qu'un membre syndiqué se refuse à verser o fr. 10 par mois, pour le journal.

Avec 39 Syndicats adhérents à la Fédération, s'il ne peut être assuré un minimum de 1.000 numéros, ce serait vraiment regrettable.

Quant aux critiques formulées sur la publication de certains articles, il rappelle qu'en question économique toutes les opinions s'y rencontrent.

Toutefois, si l'existence du journal ne peut-être assurée mensuellement, il réclame alors au nom de son organisation, un bulletin trimestriel et dépose au bureau la proposition suivante :

« Le Congrès, considérant qu'il y a utilité absolue et intérêt majeur
« pour la corporation, à ce que l'organe de la Fédération réapparaisse
« mensuellement et plus principalement le mois suivant le Congrès.

« Décide que suivant le nombre de numéros demandés par les organi-
« sations, le journal devra paraître quand même, fut-il de plus petit for-
« mat, en attendant que les demandes et les abonnements soient assez
« nombreux pour permettre de l'agrandir.

« Espère que les ouvriers syndiqués véritablement conscients se
« feront un devoir de souscrire pour la vitalité de notre organe corpo-
« ratif.

« Et compte sur la propagande dévouée des délégués au Congrès
« pour faire lire et répandre le journal. »

Cette proposition est revêtue des signatures suivantes :

David, Ratillon, Mazouaud, Lagrèze, Déan, Craissac, Roy, Testaud, Robert, Lauras, Bourdot, Lécluze, Bourlon, Bidault, Daubry, Ansaldi, Noguez et Lambert.

Le Président donne lecture d'une proposition de Bourdot.

« La Chambre Syndicale de Limoges demande au Congrès de Gre-
« noble, de repousser la proposition d'augmentation de cotisation, et que
« chaque Syndicat conserve son autonomie à ce sujet pour l'achat du
« journal. »

Le Président fait remarquer que cette proposition prête à deux sens, partisan du journal et non partisan.

Bourdot retire sa proposition pour la modifier.

Lecture est faite de la proposition Bourlon de Saint-Quentin.

« Le Congrès émet le vœu que les Chambres Syndicales s'imposent
« extraordinairement, dans la mesure de leurs moyens pour la publica-
« tion du journal l'*Ouvrier Peintre*, et que par la suite, il soit discuté les
« abonnements en réunion générale. »

Lecture de la proposition Lambert, d'Angers.

« La Chambre Syndicale des peintres d'Angers demande que l'organe
« l'*Ouvrier Peintre*, puisse contenir des articles techniques.
« Elle demande en outre, comme par le passé qu'aucune question de ri-
« valité et de personnalité ne soit insérée. »

Clavel estime qu'après tout ce qui vient d'être dit sur la nécessité et la non nécessité du journal, il faut envisager le Congrès International, où les délégués apporteront leurs organes respectifs; qu'y apporterons-nous si nous supprimons notre journal ? De par ce fait seul il y a nécessité de le conserver, de consentir même aux sacrifices.

Il est d'avis que ce journal servira de trait d'union, entretiendra des relations internaionales, qui vont ressortir du Congrès. Si toutefois, aucune résolution n'était prise en ce moment concernant l'*Ouvrier Peintre*, il demande que toute latitude soit laissée au Comité Fédéral, de juger la situation et de s'en inspirer.

Craissac est partisan du journal, mais non rendu obligatoire ; il demande la priorité pour la proposition de David, et invite Bourdot à s'y rallier.

Bourdot veut bien s'y rallier mais il dépose une nouvelle proposition pour qu'elle figure au compte-rendu.

« Le Congrès décide la réapparition du journal l'*Ouvrier Peintre*, en
« invitant les délégués présents au Congrès de faire tout leur possible
« dans leur Syndicat, pour avoir le plus de lecteurs qu'ils pourront. »

David comme Clavel, envisage les relations internationales qui vont avoir lieu à la suite du Congrès.

L'Amérique a assuré l'envoi de son journal, l'Espagne, l'Italie envoient le leur, d'autres en feront de même, il répète au Congrès de bien envisager si on ne pourrait pas le réduire et assurer ainsi sa publication.

Il juge utile l'envoi d'un referendum, sur cette question à toutes les organisations, et demande qu'avant de passer à la suite de l'ordre du jour, chaque délégué donne approximativement, le nombre de numéros qu'ils prendront,

Robert répond à David, qu'il ne se trouve pas d'accord avec lui, tant sur le tirage trimestriel que sur le format réduit, il déclare que les organisations de Reims et de Versailles sont d'accord pour s'imposer des sacrifices; il est partisan d'un referendum très documenté, avec l'appui des délégués au Congrès, mais cependant affirme que si l'assemblée voulait adopter des résolutions viriles dès aujourd'hui la publication serait assurée et demande au Congrès, au lieu de voter la proposition David, de se ranger à l'envoi d'un referendum qui donnerait, avec le concours des délégués, des renseignements plus précis.

BOURDOT demande la priorité pour sa nouvelle proposition.

La priorité étant accordée, elle est adoptée à l'unanimité.

Le Président lit une proposition de Clavel, qui est repoussée.

Il met ensuite aux voix la proposition Bourlon, qui est adoptée moins 2 voix, celle de Cruels et Testaud.

La proposition Lambert est mise aux voix par division.

Le premier paragraphe est adopté. Le deuxième paragraphe est adopté.

Création de Fédérations régionales

LAMBERT dit que son organisation avait demandé de porter à l'ordre du jour, la question ci-après :

Création de Fédérations régionales de Syndicats de peinture, rattachées à la Fédération Nationale.

Il déclare que son Syndicat a retiré cette proposition après avoir longuement étudié le rapport du Conseil Fédéral, en Commission spéciale et en Assemblée Générale. Il propose d'y substituer la création de Comités régionaux qui auraient la charge d'étudier les besoins particuliers à chaque région et de les communiquer ensuite au Comité Fédéral, qui serait de cette façon mieux documenté sur les besoins des organisations de province et pourrait agir par la suite avec beaucoup plus d'efficacité.

Ces Comités seraient nommés par les Syndicats de leur région et pris dans l'organisation de la Ville où ils siègeraient.

Quant au choix des villes où ils devraient être placés, il accepte d'avance le choix du Comité Fédéral, qui a toute qualité pour savoir quelle est l'organisation la plus apte à remplir ces fonctions.

Pour ces moyens, il croit pouvoir réduire de beaucoup les frais nécessités par la propagande, pour ce qui regarde les frais de correspondances et de délégation, le tout serait à la charge de la Fédération Nationale.

MAZOUAUD, sur cette question, dépose les conclusions suivantes :

« La Fédération Nationale sera composée des Comités régionaux. »

Pour faciliter la propagande qui échappe au Conseil Fédéral à cause surtout de la modicité de ses ressources, pour arriver à grouper efficacement tous les travailleurs de la peinture, la création de ces Comités s'impose.

Les Syndicats seront alors groupés par affinité de travail, de salaires, de coutumes, du prix des vivres, les régions pourront être déterminées par les organisations elles-mêmes, plutôt que par le Comité Fédéral qui verra alors sa besogne simplifiée et pourra utilement se consacrer à l'étude des questions intéressant d'une manière générale, toute la corporation.

Chaque région désignera son secrétaire qui sera chargé des relations entre les divers syndicats de la région.

Le Comité Fédéral serait alors composé du Comité élu par le Congrès, plus un délégué par Comité régional.

Les dépenses de correspondances ou autres seront remboursées par la Fédération Nationale sur production des pièces établissant ces dépenses.

ROBERT, au nom du Comité Fédéral, ne voit aucun inconvénient à ce que cette question soit discutée, étant bien entendu que les organisations syndicales n'auraient aucune charge supplémentaire à supporter du fait de leur adhésion à la Fédération régionale. En effet, en l'état actuel de l'Unité Ouvrière, les Syndicats, pour être confédérés, doivent adhérer à leur Fédération Nationale et à la Bourse du Travail de leur localité. Ils

sent obligés de coopérer aux dépenses de ces organismes par des cotisations mensuelles qui, dans une certaine mesure, grèvent leur budget et il
ne serait peut-être pas de bonne tactique de les obliger à une multiplicité
de cotisations.

Il invite Mazouaud à se rallier aux considérations de Lambert.

LÉCLUZE déclare qu'après les explications qui viennent d'être dites, il
appuie la proposition de Lambert.

TESTAUD est du même avis, seulement où il n'est pas d'accord, c'est
sur la question des frais; il ne croit pas qu'on puisse les mettre au compte
de la Fédération, ceci regarde personnellement les Comités régionaux.

Il cite en exemple le Comité régional à Paris, qui, à lui seul, vu les
travaux considérables qu'il aurait à accomplir, la propagande englobe-
rait plus que la totalité des ressources de la Fédération.

LAMBERT répond à Testaud qu'il ne leur est jamais venu à la pensée
de faire payer à la Fédération les frais qui seraient nécessités par les
besoins particuliers de son organisation ; il entend par frais à imputer,
ceux qui seraient occasionnés par la propagande régionale, pour amener
à grouper le plus de syndiqués et créer des organisations où il serait
possible de le faire.

La séance est levée à midi 10.

Séance du 7 Septembre *(Soir)*

La séance est ouverte à 2 heures.

CLAVEL déclare que *Grenoble* est opposé à la création de Comités
régionaux, mais si le Congrès en adopte le principe, il préférerait en voir
donner la composition et le choix des sièges par le Comité Fédéral, qui
donnerait plus de garanties et désirerait surtout le voir dans les Villes
ne possédant pas de Bourse du Travail.

DAVID donne lecture de 2 dépêches.

La 1re du Conseil de la Chambre Syndicale des peintres en bâtiment
de la Seine, qui envoie aux congressistes, saluts fraternels et révolutionnaires.

La 2e du camarade Quaglino, délégué au Congrès international,
annonçant son arrivée dans la soirée.

Le Président donne lecture de la proposition Lambert :

« La Chambre Syndicale d'Angers émet le vœu qu'il soit créé dans
« chaque région des Comités groupant les organisations.

« Ces Comités seraient chargés de tenir les Syndicats en rapport
« constants et d'entretenir le Conseil Fédéral de leurs besoins.

« Les frais de bureau et de correspondance. ainsi que le déplacement
« des délégués pris dans ces Comités, mandatés et désignés par la
« Fédération, seront supportés par cette dernière. »

MAZOUAUD maintient sa proposition.

ROBERT s'élève contre ; il craint l'impuissance de la Fédération
nationale devant cette proposition.

La proposition Lambert, mise aux voix, est adoptée à l'unanimité
moins celle de Grenoble.

Étude d'un projet de Statuts uniformes pour les Organisations Fédérées

CLAVEL est d'avis, avant d'entrer dans les débats de cette question, de bien se pénétrer de l'origine des organisations syndicales ; le malaise, le mécontentement des ouvriers d'une corporation sont les principales causes des créations de Syndicat et d'un autre côté, les grèves, lorsqu'elles échouent sont également la cause de la désorganisation.

Beaucoup d'ouvriers ne connaissent pas le véritable but d'un Syndicat, il y en a qui croient que c'est une sorte de société mutuelle, d'autres ne savent pas pourquoi ils adhèrent à un Syndicat ; pour ces motifs, il y a besoin d'avoir des Statuts uniformes ; si la chose n'est pas adoptée à ce Congrès, qu'elle soit suffisamment étudiée et qu'elle vienne alors au prochain Congrès avec chance d'être admise.

CRAISSAC se déclare l'adversaire de ces Statuts uniformes, ce serait le bouleversement le plus complet des organisations, il s'en est rendu compte lui-même, à Paris, lors des réunions faites pour l'unité, il y voit même la désorganisation de la Fédération, car les syndicats qui ne voudraient s'y soumettre se retireraient ; il faut d'abord préparer l'unité fédérale et demande que la Confédération prenne en mains cette question.

ROBERT ne peut que s'en rapporter au Congrès de Montpellier. La Confédération ne peut prendre en considération la proposition de Craissac, le Comité Fédéral est partisan au contraire d'un Comité d'entente.

Vu le peu de temps que l'on a réservé au projet de Statuts, il demande que le Congrès s'en rapporte à un referendum.

C'est une question très délicate et qui mérite une sérieuse étude.

DAVID dit que lorsque deux camarades de Grenoble demandèrent à l'Assemblée générale de porter à l'ordre du jour du Congrès ce projet d'unité dans les Statuts, c'est que des exemples les avaient décidés.

Il lit un passage d'une lettre du Syndicat de Toulon qui dénote une fausse interprétation syndicale et ceci arrive très souvent lors d'une constitution de Syndicat. C'est le manque de connaissance qui nuit au véritable but. Il est d'accord avec Robert que ce n'est pas au pied levé que l'on peut transformer les Statuts, mais bien de renvoyer ou mieux de laisser le soin au Comité Fédéral qui a toute qualité pour mener à bien cette tâche et croit que le Congrès peut voter sans crainte le principe de Statuts uniformes qui amènerait par la suite plus d'union.

LAURAS est partisan de la proposition de David, mais en permettant des règlements intérieurs.

TESTAUD estime que la proposition David est celle qui prépare le mieux la conciliation.

NOGUEZ en accepte le principe, mais à côté il demande beaucoup de prudence pour amener les organisations dans cette voie.

CRAISSAC demande au Congrès de donner mandat au Comité Fédéral de provoquer l'entente interfédérale.

Le Président lit la proposition Testaud :

« Le Congrès donne mandat au Comité Fédéral de faire les
« démarches nécessaires pour former entre les diverses Fédérations de
« l'Industrie du Bâtiment une Union fédérative des Organisations
« fédérales.

« De plus, la Fédération de la Peinture accepte la proposition, à la

« condition, vu les précédents, qu'elle ne soit pas obligée de convoquer
« à nouveau la Fédération du Bâtiment. »

La proposition est adoptée.

ROBERT signale certaine anomalie qui existe dans une organisation. Un camarade faisant partie de ce syndicat appartenant à la Fédération de Peinture fait également partie du Comité Fédéral de la Fédération du Bâtiment, il croit nécessaire que le Congrès adopte qu'un camarade qui se trouve dans le cas qu'il signale ne puisse appartenir à une autre Fédération.

NOGUEZ trouve que les paroles de Robert sont exagérées ; il ne peut exister des craintes si l'Union Fédérative est faite, il n'y a plus de Fédération du Bâtiment ; en passant il constate et regrette les dissidences, l'antagonisme qui existe parmi les organisations parisiennes, il estime que les sentiments personnels doivent s'effacer et faire place à l'intérêt général.

CRAISSAC est du même avis que Noguez, qu'il a raison d'inviter les organisations parisiennes à pratiquer l'union ; cependant, pour atteindre ce but, il est indispensable d'exclure les agents de discorde, il ne faut pas perdre de vue le fait signalé par Robert et, dans l'intérêt supérieur, on doit mettre ce camarade en demeure d'opter entre la C. S. de Paris et le Syndicat du Bâtiment.

ROBERT lit la proposition du Comité Fédéral :

« Le Comité Fédéral propose qu'un camarade, dont le syndicat est
« adhérent à la Fédération des Syndicats de Peinture et parties assimi-
« lées, ne puisse appartenir à un syndicat adhérent à une autre Fédéra-
« tion et à plus forte raison être membre du Comité Fédéral de la dite
« Fédération. »

Le Président met aux voix cette proposition qui est adoptée à l'unanimité et 2 abstentions, Angers et Tours.

Lecture est faite de l'ordre du jour de Lécluze, de Cherbourg :

« Les camarades Peintres de Cherbourg, réunis en réunion extraordi-
« naire du 31 Août 1904, après avoir pris connaissance du Rapport et des
« Travaux du Conseil Fédéral de la Fédration des Ouvriers Peintres de
« France et des Colonies déclarent renouveler leur confiance aux
« membres actuels de la Fédération.
« Remercient les camarades Robert et Craissac pour la part active
« qu'ils ont prise au sujet de la suppression du blanc de céruse et qui
« ne doit être que le prélude de la suppression de toutes les autres
« matières toxiques.
« Vive la Fédération Nationale des Ouvriers Peintres !
« Vive l'Emancipation des Travailleurs par les Travailleurs eux-
« mêmes ! »

Cet ordre du jour est mis aux voix et adopté à l'unanimité.

Le Président donne la parole au camarade Bourdot, rapporteur de la Commission de classification.

1° *Apprentissage et Chômage*

« Le Congrès décide qu'afin d'assurer le bon fonctionnement de
« l'apprentissage, les apprentis seront placés sous la surveillance d'ins-
« pecteurs désignés par les Syndicats.

« Ces Inspecteurs auront pour mission de s'assurer si les notions élé-
« mentaires du métier sont rigoureusement appliquées et de veiller à ce
« que la loi sur la protection de l'enfance, soit observée dans toute sa
« teneur.

« Le Congrès réclame qu'en outre des dommages intérêts auxquels
« les patrons contrevenants sont astreints, des peines corporelles très
« sévères leur soient appliquées.

« Un certificat d'apprentissage revêtu de la signature du patron et de
« l'inspecteur ouvrier, les dites signatures dûment légalisées.

« L'Inspecteur payé par l'Etat ».

La proposition de la Commission mise aux voix est adoptée.

Le Rapporteur lit une 2° proposition tendant à mettre un impôt sur
la main d'œuvre étrangère.

ROBERT déclare que ses sentiments internationalistes, l'empêchent
d'adopter le principe d'un impôt aux patrons pour la main d'œuvre
étrangère.

Il préférerait que cette imposition soit versée à une Caisse d'assurance
sur les Accidnets de travail, qui dédommagerait les ouvriers étrangers,
puisque ces derniers ne sont pas admis au bénéfice de la loi sur les
accidents.

NOGUEZ dit qu'à Marseille, il y a les marins qui exécutent des travaux
à bord ; il y a aussi des étrangers; il préférerait de beaucoup une loi
décrétant l'égalité des salaires à celle de l'impôt ; il demande que ses
paroles faisant constater la concurrence faite à la corporation par les
marins et les étrangers soient portées au compte-rendu.

DAVID, au nom de la C. S. de Grenoble, proteste contre la mention
concernant les ouvriers étrangers, contenue au rapport de la commission.

LORTHIOIS est partisan du rapport ; il fait remarquer qu'à Roubaix,
c'est l'élément étranger qui compose le recrutement des syndicats jaunes
et donne quelques considérations particulières à cette ville sur l'émigration des ouvriers belges, et conclut qu'il serait temps de pouvoir y mettre
un terme.

DAUBRY, au nom de la commission, répond que cette dernière, tout
en ayant reçu mission du Congrès de préparer un rapport ou proposition unique sur les diverses qu'elle avait en main, a voulu aussi
tenir compte de l'esprit des auteurs de ces propositions.

CRAISSAC estime que ses sentiments sont aussi internationalistes, mais
cependant il pense qu'il y a des mesures à prendre. Lorsqu'il y a abon-
dance de travaux, les employeurs n'hésitent pas à se procurer à bas prix
de la main-d'œuvre étrangère et qu'il faut s'opposer à cette exploitation.

CRUELLS répond à Lorthiois que c'est par une action syndicale des
villes frontières de faire cesser ces abus.

La proposition concernant l'impôt est retirée.

BOURDOT continue la lecture de son rapport.

« a. Le Congrès de Grenoble, en attendant la mise en régie des travaux
« communaux, départementaux et nationaux, réclamés par les Congrès
« antérieurs, demande aux pouvoirs publics la suppression des rabais
« imposés aux entrepreneurs, par adjudication ou de gré à gré. »

« b. Création d'Inspecteurs ouvriers, désignés par les organisations
« Syndicales, qui auront pour mission de surveiller la bonne exécution

« des travaux par l'application stricte du cahier des charges, tant sur la
« qualité que la quantité des marchandises fournies. ainsi que sur les
« fraudes et les mal façons qui sont commises par l'emploi du grand
« nombre de travailleurs n'appartenant pas à la profession. »

« *c*. Invite les pouvoirs publics à poursuivre rigoureusement les con-
« trevenants et d'appliquer l'article 423 du code pénal dans toute sa
« rigueur. »

« *d*. D'assurer aux travailleurs le repos hebdomadaire et la limita-
« tion des heures de travail, ainsi que le minimum de salaire. »

« Les travaux exécutés par exception le Dimanche et jours fériés et
« les heures supplémentaires seraient assimilées aux heures de nuit. »

Robert déclare que le Conseil Fédéral est contre la proposition de
faire des heures de nuit ; les ouvriers ne feront pas respec er les heures
doubles, cette proposition doit avoir pour but de supprimer le chômage
et on irait à l'encontre, de plus on favoriserait par le maintien des heures
de nuit, l'exploitation patronale.

Guénob dit qu'il y a des exceptions, car il existe des chantiers qui
sont dans l'obligation de faire leurs travaux la nuit, ce qu'il faut considérer en la matière, c'est de frapper le coffre-fort et on ne le peut qu'en
faisant payer les heures de nuit doubles.

Daubry répond à Robert que la Commission est partisan de la
suppression des heures de nuit et du travail du Dimanche.

Robert dépose l'amendement suivant à la proposition de la Commission:

« Le Congrès décide qu'il y a lieu d'interdire les heures supplémen-
« taires et de voter une loi consacrant le repos hebdomadaire. »

L'ensemble de la proposition avec l'amendement de Robert, est mis
aux voix et adopté à l'unanimité.

« *e*. Le Congrès insiste d'une façon très énergique près des pouvoirs
« publics, pour que les salariés de l'Etat et les inscrits maritimes ne
« puissent, en aucune façon, travailler en dehors des ateliers où ils sont
« occupés, au détriment de la classe ouvrière qui est obligée de faire sa
« retraite elle-même. »

« *f*. Les salaires payés aux ouvriers étrangers travaillant en France
« ne pourron. jamais être inférieurs à ceux reconnus comme salaires
« normaux et courants, par les Commissions départementales, fonction-
« nant en vertu de l'application des décre.s de juillet 1900, sur les condi-
« tions de travail dans les entreprises publiques. »

Adopté.

Des Coopératives

Bourdot se déclare contre les coopératives et dépose une proposition
ad hoc.

David dit que cette question était à l'ordre du jour du 3ᵉ Congrès de
Bourges, et que l'on avait voté leur suppression, ce qui n'a pas empêché
qu'elles continuent et qu'il s'en crée encore d'autres.

Bourdot dit que sa proposition est plutôt un vœu.

« Le Congrès regrette que les coopératives de production violent trop
« souvent les intérêts du prolétariat et se déclare opposé au principe des
« coopératives, telles qu'elles fonctionnent aujourd'hui. »

Adopté moins une abstention (Ansaldi).

Sur l'Hygiène

« Le Congrès signale à l'attention des pouvoirs publics la non applica-
« tion de la loi sur l'hygiène et les logements insalubres ; demande que cette
« loi soit appliquée d'une manière plus efficace, en invitant les inspecteurs
« du travail à faire des visites plus fréquentes dans les ateliers, chantiers
« et partout ou les syndicats pourraient appeler leur attention. »

Adoptée à l'unanimité.

DAUBRY dépose les vœux suivants au Conseil Fédéral pour soumettre
aux Syndicats :

« 1° Pour favoriser et développer l'action syndicale, que les Syndicats
« prennent à titre de pupilles, les jeunes gens de 13 à 16 ans, sans payer de
« cotisation.

« — Que chaque Syndicat fasse des cours professionnels ou envoye les
« pupilles à l'école professionnelle dirigée par les soins de la Fédéra-
« tion.

« — Que tous les ans, un classement ait lieu suivi d'un cours par dépar-
« tement.

« — Des prix seraient envoyés par les Syndicats.

« — Faire des démarches auprès du Ministre du Commerce, pour avoir
« les fonds nécessaires.

« — Les professeurs seraient nommés par les Syndicats.

« Les élèves apprendraient tout ce qui concerne la peinture en bâti-
« ment et leur dernière année un livret d'ouvrier leur serait remis et leur
« Syndicat ou la Fédération feraient tout leur possible pour les caser
« comme ouvriers.

« — Les cours seraient divisés en 5 classes, de 13 à 18 ans. Cette pro-
« position serait applicable pour les concours.

« — Un jury nommé par les Syndicats vérifiera les travaux pendant
« et après l'exécution du travail ».

Fondation de Caisses de chômage

« 2° Que le Congrès de Grenoble envoie une lettre aux Ministres du
« Commerce et de l'Intérieur, regrettant que les pouvoirs publics,
« n'ont pas voté les fonds nécessaires pour encourager ces œuvres
« humanitaires.

« Espérant que la conduite du gouvernement sera meilleure, vu que
« l'on accorde des subventions à des Sociétés qui ne sont guère humani-
« taires, telles que Sociétés de tir et gymnastique où l'on apprend à nos
« jeunes gens la destruction du genre humain.

« Que chaque Syndicat prenne l'engagement de fonder une caisse de
« chômage, et qu'il fasse les démarches nécessaires pour faire recon-
« naître les Caisses de chômage d'utilité publique afin d'obtenir des sub-
« ventions par les pouvoirs publics. »

ROBERT demande que ces deux vœux soient réservés à l'étude du
Comité fédéral.

LE PRÉSIDENT met aux voix ces vœux qui sont adoptés avec bénéfice
des observations du camarade Robert.

Fixation de la Ville où doit avoir lieu le prochain Congrès

LÉCLUZE demande que le V° Congrès de la Fédération ait lieu à
Paris.

BOURLON fait la proposition ci-dessous :

« La Chambre Syndicale de Saint-Quentin demande que la ville de
« Saint-Quentin soit désignée comme lieu de rendez-vous de nos assises
« prolétariennes, invoquant que les villes du Nord sont généralement
« délaissées.

Je ne dirai pas que nous ferons mieux que la Chambre Syndicale de
« Grenoble, cela est impossible, mais avec la subvention muncipale qui,
« je le crois, nous sera accordée, ce que pourront faire la Bourse du
« Travail et la Chambre syndicale, il nous sera permis de recevoir digne-
« ment les délégués, qui, j'en suis sûr, viendront nombreux discuter nos
« revendications légitimes. »

LORTHIOIS appuie la demande de Bourlon.

CRAISSAC demande à Lauras si, à Rouen, il verrait la possibilité pour
son organisation d'obtenir une subvention municipale pour organiser
le prochain Congrès.

LAURAS déclare ne pouvoir répondre affirmativement.

NOGUEZ, au nom de son organisation, propose que le siège du prochain Congrès soit à Marseille, où, dit-il, il y aurait de la propagande
à faire.

ROBERT répond que si on n'avait en vue que le besoin de la propagande, toutes les organisations se trouvent à peu près dans le même cas
et à côté de cela, il y a des Syndicats dont on doit prendre la situation en considération.

D'autre part, il faut envisager la question des frais qui est énorme.

CRAISSAC est étonné que l'on ait proposé Paris, car dans l'intérêt
même de la Fédération, il demande que le Congrès se tienne en province,
s'il juge que le siège de la Fédération doit être à Paris, de même il est
nécessaire que le Congrès se tienne en dehors.

BOURDOT lit une proposition :

« Le Syndicat de Limoges demande à ce que le prochain Congrès
« ait lieu à Limoges. »

LAMBERT dépose une demande analogue.

« La Chambre Syndicale d'Angers demande que le prochain Congrès
soit tenu à Angers. »

DAUBRY, dans l'intérêt des syndicats de la région du Nord, appuie la
proposition de Bourlon.

NOGUEZ appuie le choix de Limoges.

Il est décidé de procéder au vote.

DAVID serait d'avis que seules les organisations fédérées aient droit
au vote.

ROBERT déclare que sur ce point tous sont admis, et, par esprit de
conciliation, dit que le Comité Fédéral accepte le choix de la ville de
Saint-Quentin.

CLAVEL demande le vote à bulletin secret et par appel nominal.

A la majorité par 26 voix, Saint-Quentin est désigné comme siège du
prochain Congrès.

Ont obtenu d'autre part : Limoges, 8 voix ; Paris, 1 voix.

BOURLON, au nom de son Syndicat, remercie le Congrès du choix
qu'il vient de faire et assure les délégués que ses camarades et lui
auront à cœur de mener à bien la tâche qu'ils ont bien voulu solliciter.

Le bureau pour la 5e journée sera composé ainsi qu'il suit :
Président, CRAISSAC ; assesseurs, CRUELLS et LAGRÈZE.

Le président, avant de lever la séance, remercie l'assemblée de la facilité qu'elle lui a accordée pour mener à bien les débats pendant cette journée écoulée.

La séance est levée à 6 h. 1/4.

Séance du 8 septembre *(matin)*

Président, CRAISSAC ; assesseurs, CRUELLS et LAGRÈZE.

La séance est ouverte à 8 h. 1/4.

Le secrétaire-rapporteur lit le procès-verbal de la journée du 7, qui est adopté, après observations de LAMBERT, BOURLON, LORTHIOIS et LAGRÈZE, qui déclarent avoir voté contre le vœu sur les coopératives.

DAVID dépose une proposition sur les frais de voyage des délégués.

« Le IVe Congrès donne mandat au Conseil Fédéral pour faire les démarches nécessaires et agir auprès des pouvoirs publics pour qu'au Congrès prochain — comme il est fait pour d'autres Congrès scientifiques, etc. — une réduction sur les tarifs de chemin de fer soit accordée aux futurs Congressistes. »

Cette proposition, mise aux voix, est adoptée à l'unanimité.

DAVID lit une nouvelle proposition ainsi conçue :

« La Chambre Syndicale de Grenoble demande au 4e Congrès national de vouloir bien, par son vote, repousser et faire préconiser la suppression de l'emploi des matières telles que : Tixol, Marmor, Lithozine, Zincoline, etc., qui, quoiqu'elles peuvent être non nocives, n'en sont pas moins de nature à faire prévaloir la supériorité du blanc de céruse sur le blanc de zinc que nous réclamons pour l'exécution des travaux de peinture ou autres, ce qui ne peut que nuire à la cause juste et légitime de la campagne humanitaire que nous soutenons contre tous les poisons professionnels SANS EXCEPTION. »

DAVID ajoute que cette proposition a pour but de faire connaître que diverses spécialités ont été lancées pour remplacer la céruse ; toutes ont donné de très mauvais résultats, qui sont la cause que le blanc de céruse est déclaré indispensable.

ROBERT appuie David et demande, au nom du Comité Fédéral, au camarade Craissac de prendre possession du flacon de « Tixol » qui se trouve sur le bureau et de le soumettre aux commissions compétentes pour faire analyser ce produit.

A ce moment, les délégués de Genève au Congrès international pénètrent dans la salle ; ils sont invités à prendre place au bureau. Le président leur souhaite la bienvenue au nom du Congrès national.

Un des délégués remercie le président et l'Assemblée.

Le Président demande à David de modifier le texte de sa proposition en rayant les noms des matières indiquées, ceci pour éviter les critiques qui ne manqueraient pas de se produire, tendant à faire croire que la campagne menée contre certains produits n'est faite que pour en favoriser d'autres.

CLAVEL lit une proposition en remplacement de celle de David :

« Le Congrès met le public en garde contre certains produits dont la parfaite nocivité n'est pas encore absolument démontrée et qui, au point de vue technique, n'ont donné jusqu'à présent que des résultats bien moins satisfaisants que ceux obtenus par l'oxyde de blanc de zinc. »

Cette proposition est adoptée à l'unanimité.

TESTAUD, sur le marchandage, demande au Congrès d'adopter la proposition dont il donne lecture :

« Considérant que le marchandage est la honte d'une nation civilisée, en même temps que la plaie de l'industrie du bâtiment en particulier et des autres en général ;

« Considérant que s'il est vrai que les décrets des 2 et 21 Mars 1848 « ont prohibé cette exploitation de l'homme par l'homme, la justice « bourgeoise ayant réussi à délimiter l'application des dits décrets, ait « ainsi rendu les sanctions prévues inapplicables. »

« Considérant que s'il es. du devoir des organisations de demander une « loi, condamnant le marchandage, il est aussi nécessaire de considérer « que les différentes formes qu'il a revêtues depuis de nombreuses an- « nées, rendent difficile de pouvoir l'atteindre. »

« Déclare qu'il y a lieu, tout en poursuivant par une campagne éner- « gique le vote d'une loi prohibant le marchandage, d'appuyer aussi « tous les projets de loi ayant pour objet de sauvegarder les intérêts des « travailleurs et donne mandat au Conseil Fédéral de les appuyer après « étude. »

« En condamnant le marchandage, déclare TESTAUD, on aura alors « obtenu la sauvegarde des salaires. »

GUÉNOB appuie la proposition de Testaud, puisque les marchandeurs ne sont pas justifiables des prud'hommes, il y a donc nécessité d'obtenir une loi pour les atteindre.

La proposition est adoptée.

DAUBRY lit et dépose une proposition qu'il retire sur l'initiative de Robert.

GUÉNOB demande quels seraient les moyens à employer pour obtenir la suppression des places de grève.

CRAISSAC est d'avis d'employer l'action directe contrairement à l'appui des législateurs.

ROBERT estime que dans cette question il faut agir avec prudence. Pour obtenir la suppression, tout n'a pas encore été tenté, aucune loi contre n'a été déposée ; il est d'avis que s'il y en avait une, les résultats ne se feraient pas attendre, il faut donc trouver un législateur qui veuille bien s'en occuper et se charger de déposer un projet de loi pour la suppression.

Si toutefois, après un certain délai, il n'y avait encore rien d'obtenu, il faudrait alors recourir à l'action directe.

CRAISSAC rappelle au Congrès qu'à Paris, la police est sous la direction du Préfet de police.

Au Conseil municipal, la question y fut portée et repoussée et par 16 voix contre 16, la suppression fut rejetée, une Commission se rendit alors auprès de M. Blanc, préfet de police, qui déclara à la dite Commission qu'il ne pouvait prendre aucune mesure contre les attroupements, qu'il fallait des motifs pour pouvoir les disperser et CRAISSAC en conclut que puisqu'il faut des motifs pour obtenir la dispersion et par la suite la suppression, que c'est aux organisations à produire ces motifs et propose au Congrès la motion suivante :

« La suppression des places de grève doit être obtenue par tous les
« moyens possibles. »

DAVID fait l'observation suivante à l'appui de ce que vient de dire
Craissac.

« Quant les ouvriers sont en grève, on ne se gêne pas pour disperser
« ces attroupements inoffensifs.
« Quand on ne fusille pas ou on n'assassine pas. Exemple : les évé-
« nements de la Bourse du Travail de Paris. »

La proposition Craissac est adoptée.
BOURDOT lit une proposition :

« Les syndicats fédérés ou non auront le droit de mettre à l'ordre du
« jour du prochain Congrès les revendications qu'ils jugeront utile, à con-
« dition toutefois que ces revendications seront remises au Conseil Fédéral
« deux mois avant l'ouverture du Congrès. »

ROBERT constate que si le Syndicat de Limoges avait étudié le rapport fédéral qui lui avait été soumis, cette proposition n'aurait pas sa
raison d'être ; il regrette que presque toujours cette étude n'est pas faite
consciencieusement. Il demande que le *statu quo* soit maintenu et s'op-
pose à l'adoption de la proposition.
BOURDOT modifie la date 3 mois au lieu de 2.
ROBERT accepte cette modification, et la proposition ainsi modifiée
est adoptée à l'unanimité.
CLAVEL et BOURDOT déposent la proposition suivante :

« Le Congrès proteste d'une façon très énergique contre l'emploi des
« militaires pour l'exécution des travaux d'entretien dans les casernes,
« établissements hospitaliers, etc. Ce travail est généralement exécuté
« gratuitement, bien qu'un crédit y soit affecté dans les budgets, crédit
« généralement épuisé en fin d'exercice, sans que la main d'œuvre ait été
« salariée. »

ROBERT demande à ajouter les lycées, établissements d'instruction
publique et tous établissements militaires.
La proposition est adoptée avec l'adjonction proposée par Robert.
ROBERT, au nom du Comité Fédéral, fait la proposition ci-après :

« Le Congrès émet le vœu que les syndicats, fédérés ou non, représen-
« tés au 4ᵉ Congrès national et au 1ᵉʳ Congrès international souscrivent un
« nombre de brochures compte-rendu de ce Congrès en nombre égal à
« celui de leurs adhérents.
« Cette brochure, qui contiendra 64 pages de texte, sera laissée aux
« organisations à raison de 40 à 50 centimes l'exemplaire. »

Il en explique les motifs : il est utile que le Conseil Fédéral sache
d'ores et déjà le nombre d'exemplaires à faire tirer. Si cette indication
ne peut lui être fournie, il se verrait dans l'obligation de ne pas la faire
imprimer ; il croit que chaque délégué se fera un devoir de faire placer
le plus grand nombre de brochures.
BOURLON combat la proposition du Comité Fédéral en raison de
cette obligation, qui peut amener dans les Syndicats un grand nombre
de démissions.

Le Président met aux voix la proposition du Comité Fédéral, qui est adoptée.

Le Président lit la proposition de LOISON :

« Le Congrès, après lecture du compte-rendu des débats de la loi sur
« la céruse devant la Chambre des Députés, et notamment celui des
« entrevues contradictoires qui ont eu lieu dans la commission spéciale
« entre les militants qui mènent la campagne contre les poisons profes-
« sionnels et les fabricants de céruse;

« Constate que ces derniers n'ont apporté aucune preuve aux accusa-
« tions de vénalité portées par eux contre les militants des organisa-
« tions ; constate aussi que leur attitude a été vertement relevée par les
« membres de la commission parlementaire ; approuve les blâmes qui
« leur ont été adressés à cette occasion : voue au mépris public les
« calomniateurs et engage la Fédération à continuer sa propagande. »

Après explications des camarades Craissac et Lécluze, la proposition Loison est adoptée à l'unanimité.

CLAVEL demande au Comité Fédéral, de vouloir bien transmettre aux autorités compétentes, toutes les resolutions votées par le Congrès.

ROBERT déclare que chaque fois que cela a été nécessaire, il a transmis aux Ministres les décisions prises, qu'il en sera de même cette fois ci.

Election du Conseil Fédéral

ROBERT explique au Congrès, ce que sont les candidats portés sur la liste.

Craissac souvent absent aux réunions du Comité a des excuses valables, sa campagne contre le blanc de céruse est une preuve qu'il a rempli tout son devoir.

Bidault toujours présent, Bourset également aussi.

Testaud dont il n'a pas besoin de recommander la candidature; quant aux autres noms, il laisse le Congrès libre du choix qu'il a à faire car personnellement il ne peut donner aucun renseignement ne les connaissant pas suffisamment : ce sont des noms qui ont été remis par les organisations.

TESTAUD avant le vote demande à poser certaines questions à Craissac.

Il déclare que son Syndicat lui a donné mandat de voter contre sa candidature.

Les motifs sont les suivants :

Craissac travaille à son compte.

Il prie le camarade Craissac de vouloir bien expliquer cette situation.

CRAISSAC répond que c'est là le fruit d'une certaine tactique employée par certains membres de la Chambre Syndicale de Paris ; il déclare que s'il travaille à son compte, c'est que, comme les camarades, il a besoin de vivre, et, de par ce fait, il y est obligé puisque le patronat ne veut pas l'employer ou ne l'emploie que rarement et difficilement, il n'a rien à ajouter à cette déclaration, si le Congrès trouve que sa situation est faussé il le dira.

ROBERT confirme les déclarations de Craissac et déclare lui aussi, qu'il se trouve presque dars la même situation, et souvent il lui arrive de prendre un camarade pour lui donner un coup de main, et l'on doit comprendre que ce ne sont pas de fausses situations, que c'est là le résultat des rancunes du patronat contre les militants placés à la tête des organisations, il ne croit pas que le Congrès se montrera du même esprit.

DAVID fait la même remarque, lui aussi fut obligé de lâcher le métier presque entièrement puisqu'il est mis à l'index par le patronat. Actuellement il travaille dans d'autres professions la plupart du temps, et fait de la peinture quant il en trouve l'occasion et n'est resté à la Chambre Syndicale que sur l'insistance formelle de ses camarades,

Avant de procéder au vote, le Président demande si la majorité doit être absolue ou relative.

ROBERT répond que le vote aura lieu à la majorité absolue.

28 Syndicats fédérés prennent part au vote.

Nombre de votants, 28.

Suffrages exprimés, 28.

Majorité absolue, 15.

Ont obtenu :

BIDAULT	Chambre Syndicale de Paris	28	voix	Élu
BOURSET	— — —	26	—	—
ROBERT	— — —	28	—	—
BLAISE	Peintres en lettres	28	—	—
MITTEY	— —	26	—	—
TESTAUD	Chambre Syndicale de Paris	28	—	—
HUBERT	— — —	28	—	—
RAGONNEAU	— — —	26	—	—
JACQUOT	— — —	23	—	—
CRAISSAC	Syndicat des Peintres de Paris	28	—	—
ARSANDEAUX	Union Syndicale des doreurs	18	—	—

Les 11 camarades ci-dessus sont élus au 1er tour, ont obtenu ensuite :

PATEY	Chambre Syndicale de Paris	14	voix
MALNUIT	—	4	—
BAUJARD	—	2	—

Élection de la Commission de Contrôle

ROBERT donne également quelques renseignements sur les divers candidats soumis aux suffrages.

Le délégué de la Fédération de peinture du Danemark rentrant dans la salle des séances, le Président lui transmet par son interprète les souhaits de bienvenue du Congrès National.

Il est procédé ensuite au vote.

Nombre de votants   28
Suffrages exprimés   28
Majorité absolue   15

Ont obtenus :

FERRY	Chambre Syndicale de Paris	28	voix	Élu
CHER	Peintres en lettres de Paris	28	—	—
POTIER	Chambre Syndicale de Paris	28	—	—
DOUET	— — —	28	—	—
SOBRIO	— — —	25	—	—

En conséquence, ces cinq camarades sont élus membres de la Commission de Contrôle.

A obtenu ensuite : LEMAITRE, 4 voix.

ROBERT parle de la décision prise de créer une Fédération Internationale.

Des appels et circulaires furent lancés sur tous les points du Globe. Le Comité Fédéral ne se dissimulait pas, combien était ardue la tâche qu'il entreprenait, mais aujourd'hui on peut être fier du commencement de cette réalisation, puisque 4 délégués des nations voisines ont répondu à l'appel et seront présents, ce qui promet pour l'avenir de plus grands résultats.

Il renouvelle aux délégués étrangers présents dans la salle en ce moment, les souhaits de bienvenue de la Fédération Française.

Il sait aussi que de ce Congrès International n'en sortira pas de suite la Fédération Internationale rêvée, mais croit fermement qu'il en sera jeté les bases qu'il y sera établi un lien réunissant les différentes organisations internationales de peinture, donnant ainsi ce bel exemple au prolétariat tout entier : la suppression des frontières.

De même que les capitalistes, pour leurs intérêts les suppriment, au prolétariat de suivre leur exemple et termine en s'écriant : NOUS SOMMES TOUS FRÈRES!

DAVID au nom du Comité d'organisation, donne au Congrès le résumé de ce qui a été fait pour le 1er Congrès International.

Une 1re circulaire fut envoyée à 22 organisations. Les réponses qui parvinrent furent celles de l'Allemagne, des États-Unis et du Danemarck.

Pour activer de plus nombreuses adhésions, une 2e circulaire fut envoyée à celles-ci ; les peintres décorateurs de Rome répondirent qu'ils étaient d'accord sur la nécessité d'une entente internationale, mais ne pouvaient envoyer de délégués, une réponse de la Suède, regrettant de ne pouvoir y assister, une lettre de l'Allemagne (Hambourg), qui faisait entrevoir les frais énormes de l'envoi d'un délégué, mais reconnaissant les besoins d'une Fédération Internationale.

Lettres de Venise, de Gênes qui s'y feront représenter.

Puis eut lieu l'envoi d'une 3e circulaire.

Lettres de Turin, acceptant l'invitation.

Lettres d'Amérique, faisant prévoir l'envoi d'un délégué.

Lettres de Genève, envoyant 2 délégués.

Lettres de Bologne, de Milan, s'y faisant représenter.

DAVID demande à CRAISSAC de vouloir bien donner au Congrès le résultat de ses démarches, concernant les Syndicats de Belgique.

CRAISSAC répond qu'il fit tout ce qui fut possible pour amener la Belgique à l'envoi de délégués ; il croit encore aujourd'hui que ses démarches ont été prises en considération, et il exprime l'espoir que demain il y aura un représentant ou deux de cette nation, car il résulte de la correspondance qu'il a échangée à ce sujet qu'ils y assisteront.

DAVID déclare que n'ayant pas reçu de TOBLER, secrétaire de la Fédération Allemande de nouvelles lettres, donne lecture de sa dernière lettre qui fait, à peu de chose près, entrevoir les termes de cette réponse qu'il peut bien envoyer.

Une lettre d'Espagne qui laisse peu d'espoir pour l'envoi de délégués, mais approuvant l'idée d'un Congrès International.

ROBERT au nom du Comité Fédéral, remercie la Commission d'organisation du Congrès International du travail qu'elle a accompli.

Le rapport du Comité d'organisation est approuvé.

DAVID au nom du Comité d'organisation, adresse aux délégués du Congrès National, les paroles suivantes :

Camarades délégués,

« Le IVe Congrès National est terminé, comme le disait à nos cama-

« rades de la Suisse, au début de cette dernière séance, notre Président,
« nous espérons et souhaitons que de ces assises du prolétariat peintre
« organisé, se lève une aurore nouvelle qui nous assure pour l'avenir, une
« certitude de plus de bien-être, de plus de liberté, une ère d'harmonie
« toute de fraternité. »

« L'ardeur apportée par chaque délégué, dans les diverses et intéres-
« santes discussions, dans les nombreux débats qui ont surgi, démontre
« surabondamment que de partout on a soif, si je puis me servir de ce
« terme, d'améliorer le triste sort des membres de la corporation. »

« Mais, camarades, il ne s'agit point d'avoir discuté, voté pour ou
« contre, il faut en rentrant dans vos villes, dans vos organisations res-
« pectives, que, vous pénétrant des décisions du IV° Congrès, par le
« moyen de la brochure donnant le compte-rendu, vous meniez plus
« énergiquement encore que par le passé, la propagande nécessaire à la
« vitalité, à la grandeur et à l'efficacité de l'action Syndicale et de tâcher
« en vous organisant ainsi, d'assurer l'exécution des décisions que vous
« venez de prendre. »

« Maintenant, camarades délégués, laissez-moi vous remercier à mon
« tour au nom de la C. S. de Grenoble, d'avoir su garder pendant le
« cours de ces débats, les sentiments d'affectueuse sympathie frater-
« nelle qui unissent les villes de France représentées ici, à Grenoble syn-
« dicaliste, dont j'ai le devoir d'être l'interprète en vous exprimant
« sa profonde reconnaissance.

« Je termine, camarades, avec l'espoir dont je parlais dans notre or-
« gane corporatif, et au seuil du 1er Congrès international, devant les
« représentants des nations voisines, à qui la C. S. de Grenoble adresse
« aussi son salut fraternel,

« Je pousse bien haut, ce cri qui résume toutes nos espérances, tou-
« tes nos aspirations, toute la conception que nous, syndicalistes sin-
« cères, devons avoir innées en nous.

« Vive l'Internationale des Travailleurs !

« Courage, espoir, pour l'émancipation des Travailleurs du monde
« entier. » (*Vifs applaudissements*).

Le camarade CRAISSAC, président de séance, déclare les travaux du
IV° Congrès national terminés et prononce l'allocution suivante :

« Camarades,

« Le IV° Congrès est virtuellement terminé et la caractéristique de
« ses séances a été la parfaite cordialité, la grande dignité qui présidè-
« rent à nos débats.

« Jamais travaux plus importants ne furent accomplis par notre or-
« ganisation fédérale, jamais pareil esprit méthodique ne se révéla
« parmi nos camarades, et cette constatation laisse la porte ouverte aux
« plus magnifiques espoirs.

« Vous ne sauriez croire combien je suis ému au moment de pro-
« noncer la clôture de nos assises; c'est un bien grand honneur qui
« m'échoit et je ne sais préciser le sentiment qui m'étreint : Joie du
« succès obtenu ou peine de voir sitôt sonner l'heure de la séparation?

« Il y a un peu de l'un et de l'autre de ces sentiments. Quelle grande
« et belle œuvre accomplie par notre Fédération nationale? Par elle
« tous nos collègues français sont unis ; par elle, la résistance ouvrière
« est organisée contre les exactions du capitalisme ; par elle, les ou-
« vriers du pays marchent la main dans la main, à l'assaut des privilè-

« giés séculaires, sous l'oppression desquels, sans elle, ils gémiraient
« encore pendant longtemps.

« C'est à elle que nous devrons avant peu la disparition du poison
« professionnel qui a déjà fait parmi nous tant de victimes, c'est à elle
« que nous devons de pouvoir, tous les deux ans, délibérer ensemble sur
« nos intérêts communs.

« Oui, c'en est fait, la corporation est affranchie du poison et l'union
« est réalisée entre les ouvriers du Nord, du Midi, de l'Ouest et de l'Est
« de la France.

« Demain, je l'espère, le poison sera vaincu internationalement,
« l'union sera faite entre les ouvriers peintres des différents pays
« d'Europe.

« A l'issue de notre Congrès, saluons l'ère nouvelle si pleine de pro-
« messes, prenons envers nous-même l'engagement de travailler avec
« plus d'ardeur encore que par le passé à la lutte contre les privilèges
« bourgeois, à l'émancipation définitive du prolétariat français et inter-
« national.

« Avant de nous séparer, je vous demande, chers camarades, de
« pousser avec moi, pour les porter ensuite aux quatre coins du pays,
« comme symbole de nos sentiments fraternels envers tous nos cama-
« rades, ce cri d'attachement à notre chère organisation :
« Vive la Fédération nationale des Peintres !
« Ce cri de révolte et d'espoir :
« *Vive l'émancipation des Travailleurs !*
« *Vive la Révolution sociale !* » (*Vifs applaudissements*).
« Camarades, je lève la séance au chant de notre *Internationale*
« bien-aimée. »

CRAISSAC chante lui-même le 1ᵉʳ couplet et, l'assemblée toute entière
avec enthousiasme, l'accompagne au refrain et la salle se vide à ces
accents.

Le Secrétaire du Congrès :
Rémy GERVASON,
Secrétaire de la Fédération Nationale de l'Habillement.

Le Secrétaire de la Fédération Nationale,
Léon ROBERT.

Le soir du même jour, une réunion publique fut donnée pour clôturer
le Congrès avec le concours de tous les délégués aux Congrès national et
international. La salle des conférences de la Bourse du Travail de
Grenoble était trop petite pour contenir le millier de camarades Greno-
blois accourus pour entendre la parole syndicale.

Après que les orateurs inscrits eurent parlé, la réunion fut clôturée
par les magnifiques discours de Testaud et Craissac et une collecte au
profit des grèves en cours qui rapporta près de vingt francs. Puis on se
sépara aux cris de : Vivent les Syndicats ! Vive la Fédération Nationale ! Vive l'Internationale !

STATUTS

Préambule

Le but de la Fédération nationale est d'étudier toutes les questions qui intéressent les organisations syndicales ; de centraliser toutes leurs revendications, tant au point de vue économique que politique, et enfin toutes les questions qui intéressent la classe ouvrière ;

De vulgariser et faire pénétrer par toute la France la propagande syndicale, la seule qui puisse remédier aux vices de l'organisation sociale individuelle et égoïste d'aujourd'hui ;

En entrant dans l'organisation, les adhérents déclarent se soumettre aux obligations suivantes :

1º Respecter dans leur intégralité les décisions des Congrès nationaux corporatifs ;

2º Pratiquer et appliquer toutes les décisions de la Fédération à laquelle leur organisation est adhérente.

But

ARTICLE PREMIER. — Il est créé entre tous les Syndicats de Peinture et parties assimilées de France et des Colonies qui adhèrent aux présents Statuts une Union qui prend le titre de : *Fédération Nationale des Syndicats de Peinture et parties assimilées de France et des Colonies.*

Sa durée est illimitée, ainsi que le nombre des Syndicats adhérents. Son siège est fixé à Paris, à la Bourse du Travail, 3, rue du Château-d'Eau.

ART. 2. — La Fédération a pour but :

1º De représenter et défendre les Syndicats adhérents dans toutes les questions ayant un caractère d'intérêt général pour la corporation.

2º De provoquer partout où il sera possible la création de Syndicats d'ouvriers Peintres ou parties similaires ; d'empêcher la chute des Syndicats fédérés qui péricliteraient, en faisant tous les efforts pour les relever à un niveau normal ;

Dans ce but, la Fédération devra organiser des tournées de propagande et des conférences, autant que le permettront ses ressources ;

3º De poursuivre la diminution et l'unification des heures de travail jusqu'à ce que soit réalisée la journée légale de huit heures ;

4º D'empêcher les abus que font les employeurs des heures supplémentaires, lesquelles sont toujours faites au détriment de la santé des ouvriers, ainsi qu'au préjudice des sans-travail ;

5º De combattre la baisse des salaires par la fixation d'un taux minimum obtenu, soit par l'intervention de la Fédération auprès des pouvoirs publics, soit par action directe auprès des employeurs ;

6º De poursuivre l'application et l'amélioration de toutes les lois susceptibles d'intéresser les travailleurs telles : la loi sur les accidents du travail, la réorganisation des Conseils de prud'hommes et l'extension de leurs attributions ; l'abolition du marchandage ; le vote de lois sur l'hygiène et les invalides du travail et celles sur les inspecteurs ouvriers nommés par les Syndicats ;

7º La Fédération devra encore s'occuper de toutes les questions susceptibles d'élever le niveau intellectuel et moral des travailleurs et d'en faire des hommes conscients de leurs devoirs et de leurs droits.

Admissions

ART. 3. — Tout Syndicat qui désirera faire partie de la Fédération devra :

1º Avoir pris connaissance des Statuts et déclarer les accepter ;

2º Être composé d'ouvriers Peintres en bâtiments ou parties similaires ;

3º Faire une demande d'admission accompagnée d'un extrait du procès-verbal de l'Assemblée générale qui aura pris cette décision, ainsi que des Statuts du Syndicat et du nombre des adhérents ;

4º Payer un droit d'admission de 3 francs.

Art. 4. — Les Syndicats admis à la Fédération conservent leur autonomie et ne sont engagés que pour ce qui est stipulé dans les Statuts.

Aucun membre d'un Syndicat adhérent à la Fédération Nationale des syndicats de peinture et parties assimilées ne pourra faire partie d'une autre organisation ayant le même but et adhérent à une autre Fédération.

Art. 5. — Le Conseil Fédéral a tout pouvoir pour admettre un Syndicat à faire partie de la Fédération ; mais lorsqu'il aura quelque motif pour rejeter une demande d'admission, il devra en aviser les Syndicats fédérés qui décideront si l'admission doit être ou non prononcée.

Dans le cas où elle serait refusée, la question pourrait être portée devant le prochain Congrès.

Art. 6. — Les Trésoriers de chaque Syndicat fédéré devront faire parvenir les cotisations avant le 1er de chaque mois.

Art. 7. — Tout Syndicat en retard de trois mois de cotisations sera suspendu après avoir été prévenu par lettre de sa situation. La radiation ne pourra être prononcée que par la majorité absolue des Syndicats fédérés ou par le Congrès, si sa date n'est pas trop éloignée.

Dans le cas de démission ou de radiation, les sommes versées par le Syndicat resteront acquises à la Fédération.

Art. 8. — La Caisse de la Fédération Nationale est alimentée par une cotisation mensuelle de 5 centimes par membre payant de chaque Syndicat, sans toutefois que la cotisation mensuelle puisse descendre au-dessous de 2 francs par syndicat ni être supérieure à 40 francs.

Dans les localités où il n'y aurait pas de syndicat de la corporation ou dont le Syndicat n'adhérerait pas à la Fédération, il pourra être fait des adhésions individuelles. En ce cas, les adhérents jouiront de tous les bénéfices de la Fédération en versant une cotisation trimestrielle de 2 francs, payable d'avance.

Quand, dans la même localité, le nombre des adhérents individuels aura atteint le nombre de 10, la Fédération devra s'occuper de les grouper en syndicat, qui prendrait alors rang parmi les syndicats fédérés.

Conseil Fédéral

Art. 9. — La Fédération est administrée par un Conseil fédéral composé de onze membres, nommés par le Congrès. Les pouvoirs du Conseil durent d'un Congrès à l'autre. Les membres sont rééligibles et révocables ; ils devront se réunir au moins une fois par mois ; leur nombre pourra être augmenté ou diminué par décision du Congrès.

Art. 10. — Le Conseil fédéral convoquera les Congrès ordinaires et extraordinaires ; il en adressera l'ordre du jour au moins trois mois à l'avance, afin que les syndicats fédérés aient le temps nécessaire d'y apporter les additions ou amendements qu'ils jugeraient utiles.

Art. 11. — Le Conseil fédéral est chargé de la publication de l'organe de la Fédération, l'*Ouvrier Peintre*.

Art. 12. — Chaque année, le Conseil fédéral devra, si les ressources le permettent, organiser des tournées de propagande, afin de propager les principes de la Fédération, d'en faire connaître le but et l'utilité et de provoquer, partout où il sera possible, la création de nouveaux syndicats.

Art. 13. — Le Conseil fédéral choisira parmi ses membres un bureau composé d'un Secrétaire général, d'un Secrétaire-adjoint ou deux, selon les besoins.

Les membres du bureau formeront le Comité exécutif et pourront se réunir, pour les cas urgents, dans l'intervalle des réunions du Conseil fédéral.

Le Conseil fédéral devra surveiller le travail des membres du bureau qu'il pourra révoquer lorsqu'ils ne rempliront pas leur mandat et négligeront les affaires de la Fédération. Enfin, il aura encore et surtout pour devoir d'assurer l'exécution des décisions du Congrès.

Art. 14. — Les fonctions de membre du Conseil fédéral sont gratuites. Cependant, leurs frais de déplacement ou de délégation leur sont remboursés.

Art. 15. — Le secrétaire général recevra une indemnité proportionnelle à l'importance des travaux qui lui incombent.

Le taux de cette indemnité sera fixé par le Congrès.

Commission de Contrôle

Art. 16. — Une Commission de contrôle composée de trois membres au minimum et de sept membres au maximum sera nommée par le Congrès. Ils sont élus pour la durée d'un Congrès à l'autre et sont rééligibles.

Art. 17. — La Commission de contrôle a pleins pouvoirs pour contrôler tous les livres, la correspondance et les comptes présentés par le Conseil fédéral ou la Commission du journal. Elle devra faire tous les six mois un rapport qui sera envoyé à tous les Syndicats fédérés.

La Commission de contrôle pourra assister aux séances du Conseil fédéral, mais avec voix consultative seulement.

Des Grèves

Art. 18. — Les grèves étant toujours préjudiciables aux intérêts des parties engagées, les Syndicats fédérés ainsi que le Conseil fédéral devront toujours, à moins de provocations directes, faire tous leurs efforts pour les éviter en employant tous les moyens de conciliation compatibles avec la dignité de chacun.

Art. 19. — Lorsqu'un conflit viendra à se produire, le syndicat intéressé devra immédiatement en aviser le Conseil fédéral et lui envoyer un rapport complet sur les causes du conflit et le nombre des ouvriers devant cesser le travail.

Art. 20. — Dès qu'un syndicat fédéré, ayant rempli les obligations édictées par les articles 18 et 19 des statuts, se sera déclaré en grève, tous les autres syndicats fédérés devront imposer à chacun de leurs membres une cotisation exceptionnelle, supplémentaire et obligatoire de 25 centimes par semaine.

Le produit de cette cotisation sera envoyé à la Fédération qui fera le nécessaire pour le faire parvenir en temps utile aux intéressés.

Les grèves ne durant pas plus de 8 jours ne pourront profiter de la cotisation obligatoire.

La Fédération devra accorder des secours par droit de priorité aux Syndicats fédérés en grève.

Congrès

Art. 21. — La Fédération se réunira en Congrès tous les deux ans. Dans les cas urgents des Congrès extraordinaires pourront être convoqués par le Conseil, sur l'avis favorable des deux tiers des syndicats fédérés.

Art. 22. — Les syndicats fédérés pourront se faire représenter au Congrès par un ou deux délégués pris dans leur sein, ou par quelque membre que ce soit appartenant à la Fédération. Les délégués pourront représenter plusieurs syndicats. Aucun délégué ne pourra voter pour plus de cinq organisations.

Chaque syndicat n'aura droit qu'à une voix, quel que soit le nombre de ses délégués.

Dans les discussions des Congrès, ne pourront prendre part aux votes que les syndicats effectivement représentés ou ayant envoyé des mandats détaillés qui, pour chaque question, seront interprétés, soit par le bureau du Congrès, soit **par** le délégué s'il est désigné nominativement.

Les Syndicats fédérés, non représentés au Congrès, seront considérés comme en acceptant d'avance les décisions.

Art. 23. — Autant que possible, le journal *L'Ouvrier Peintre*, organe officiel de la Fédération nationale, sera servi gratuitement à tous les ouvriers fédérés.

Art. 24. — Le Conseil fédéral devra s'aboucher avec les Unions ou Syndicats de l'Étranger, afin d'organiser la *Fédération internationale des ouvriers peintres et parties similaires*.

Art. 25. — Les présents statuts ne pourront être modifiés que lorsque l'utilité en aura été reconnue par le Conseil fédéral, avec l'approbation de la majorité absolue des syndicats fédérés.

La révision ne pourra être opérée que par le Congrès.

ORGANISATIONS ADHÉRENTES
au 1er Novembre 1904

1 Chambre Syndicale des Ouv. Peintres et simi. du dépt. de la Seine, B. d T. Paris.

2 «   « des Plâtriers Peintres de Lyon et du dépt. Rhône, B. d. T. Lyon.

3 «   « des ouv. Peintres en Bâtiment, Bourse du Travail, Chartres.

4 «   « Syndicat des Ouvriers Peintres, B. du T., Arles-sur-Rhône.

5 • des Peintres de Paris, 193, rue Legendre, Paris, 17e.

6 Chambre Syndicale des Ouv. Peintres en Bâtiment, B. du T., Versailles.

7 Union Syndicale des Ouv. Peintres, Bourse du Travail, Bordeaux.

8 Chambre Syndicale des Ouv. Peintres en Bâtiment, B. du T., Bourges.

9 Syndicat des Ouv. Peintres et Plâtriers du dépt. de la Nièvre, B. du T., Nevers.

10 Chambre Syndicale des Ouv. Peintres en Bâtiment, B. du T., Grenoble.

11 «   «   « en toiles peintes et cirées, B. du T., Bourges.

12 Union Syndicale des Ouv. et Ouvrières Doreurs sur bois, B. du T., Paris.

13 Chambre Syndicale d'Ouvriers Peintres, B. du T., Bésiers.

14 Chambre Syndicale des Ouv. Peintres en Bâtiment, B. du T., Niort.

15 «   «   «   «   B. du T., Châteauroux.

16 Union Syndicale des Ouv. Peintres, Bourse du Travail, Orléans.

17 Syndicat des Peintres, Bourse du Travail, Tarbes.

18 Chambre Syndicale des Ouv. Peintres et Professions Simi., B. du T., Reims.

19 Chambre Syndicale des Ouv. Peintres en Bâtiment, B. du T., Rouen.

20 «   «   «   «   B. du T., Montpellier.

21 «   « des Ouv. Peintres et Plâtriers, B. du T., Brive.

22 «   « des Ouv. Peintres en Bâtiment, B. du T., Elbeuf.

23 «   « des Ouv. Peintres, B. du T., Tours.

24 «   « des Ouv. Peintres en Bâtiment, B. du T., Saint-Quentin.

25 «   « des Ouv. Peintres et Arts décoratifs, B. du T., Perpignan.

26 Syndicat des Peintres, Ouv. d'Art et parties Simi., B. du T., Rochefort-sur-Mer.

27 Chambre Syndicale des Ouv. Peintres, B. du T., Angers.

28 «   «   «   B. du T., Cette.

29 Syndicat des Ouv. Peintres et Plâtriers, B. du T., Tulle.

30 Chambre Syndicale des Ouv. Peintres de lettres et d'Attributs, 123, rue Vieille du Temple, Paris.

31 «   «   « Plâtriers-Peintres, B. du T., Saint-Amand (Cher).

32 Syndicat des Peintres et décorateurs, B. du T., Cherbourg.

33 Chambre Syndicale des Ouv. Peintres en Bâtiment, B. du T., Limoges.

34 Syndicat des Ouvriers Peintres, Bourse du Travail, Caen.

35 «   «   « Bourse du Travail, Saint-Brieuc.

36 Chambre Syndicale des Peintres en Bâtiment, Bourse du Travail, Alger.

37 •   • des Ouvriers Peintres en Bâtiment, B. du T., Poitiers.

38 Syndicat Fraternel International des Ouvriers Plâtriers-Peintres, 26, rue Denis Exoffier, Saint-Etienne.

39 « des Ouvriers Plâtriers-Peintres, 37, rue de la République, Bourg (Ain).

1er Congrès International

DES

SYNDICATS DE PEINTURE

ET

Parties Assimilées

PREMIER CONGRÈS INTERNATIONAL

Séance du 8 Septembre (*soir*)

La séance est ouverte à 4 heures du soir, sous la présidence du camarade Lagrèze, de Montpellier, assisté des camarades Noguez, de Marseille, et Bourfon, de Saint-Quentin.

ORDRE DU JOUR DU CONGRÈS :

1° Mesures à prendre contre les poisons professionnels ;
2° Secours de passage aux fédérés internationalement ;
3° Création de la Fédération Internationale ;
4° Relations internationales. Réduction sur les moyens de transports;
5° Bulletin trimestriel ;
6° Relations en rapport avec l'émigration.

Cette dernière question fut ajoutée à l'ordre du jour sur la demande du citoyen Quaglino, délégué de l'Italie.

Cette courte séance fut consacrée entièrement à un échange de vue entre les délégués étrangers, pour permettre l'entente sur un projet de création de Fédération Internationale de la peinture.

La séance est levée à 6 heures.

Séance du 9 Septembre (*matin*)

A 9 heures, la séance est ouverte sous la présidence du camarade Bidault, de Paris.

Assesseurs Loison, de Tours et Lambert, d'Angers.

Le Président donne lecture de lettres parvenues de Bâle et Milan.

Une lettre de Cruells, délégué de Perpignan, qui adresse ses adieux aux délégués, n'ayant pu les faire lui-même avant son départ.

ROBERT, sur la lettre de Bâle, demande au délégué d'Italie quelques renseignements.

Le délégué de la Suisse donne quelques détails.

QUAGLINO, délégué de la Fédération du Bâtiment l' « Edilizia », répond qu'il ignore cet office international.

ROBERT propose de donner tous les renseignements possibles.

Adopté à l'unanimité.

Lecture est faite d'une deuxième lettre de Milan.

ROBERT, au nom de la Fédération Française, dépose la proposition ci-après :

« Il est créé un Secrétariat international des Travailleurs de la
« peinture et parties assimilées.

« Peuvent seulement faire partie de ce Secrétariat international, les
« Fédérations de chaque pays.

« Dans les pays où il n'y aurait pas de Fédération nationale, ou dont
« la Fédération ne serait pas adhérente au Secrétariat, il pourra être
« accepté un Syndicat au lieu et place de Fédération, à condition que si
« plusieurs demandes se suivaient, ils seront immédiatement constitués
« en Fédération ».

CRAISSAC demande l'étude sur les poisons professionnels.

Adopté.

Il demande lecture de la lettre du Comité international pour la
défense des intérêts des travailleurs.

Après lecture, il explique que cette société peut rendre d'importants
services aux travailleurs.

Comme mesures à prendre contre l'emploi de la céruse, il demande
l'envoi d'un délégué de la Fédération de peinture de France à la conférence de Bâle.

Il donne lecture d'une lettre de M. Millerand, qui déclare qu'en
dehors des 10 délégués de la section française, nul autre représentant ne
peut être admis.

Il demande que le Congrès international établisse un rapport contenant les moyens à employer pour la suppression des poisons professionnels. Il cite le décret de Juillet 1902 rendu en faveur des Belges ; il
déclare que c'est par ce décret que les Belges ont obtenu d'importantes
améliorations et à Bâle on doit demander l'interdiction de l'emploi des
composés du plomb au lieu de la réglementation.

ROBERT est partisan de l'ensemble de la proposition Craissac mais
demande qu'elle soit soumise à l'étude du Conseil Fédéral.

CRAISSAC accepte de faire le rapport et demande que le premier acte
du Secrétariat international soit d'écrire aux diverses organisations
étrangères pour leur faire connaître les dangers de l'emploi des composés
de plomb.

Au Danemark, cet emploi n'existe pas, il demande à Quaglino son
opinion sur ces matières.

QUAGLINO répond par son interprète, qu'en Italie, le travail de la
peinture n'est pas régulier, ce qui est la cause que les organisations n'ont
pas crû utile d'entreprendre la lutte contre les poisons professionnels,
n'en n'ayant pas encore pu constater les dangers, mais se déclare partisan d'établir une entente commune avec la France, pour entreprendre
cette lutte.

CRAISSAC lui fait demander s'il a pu constater des accidents semblables à ceux dont il lui soumet les gravures.

QUAGLINO répond, pour les motifs qu'il a invoqués précédemment,
qu'aucune constatation n'a été faite, mais néanmoins il fera faire des
recherches et établira une statistique à ce sujet.

Sur l'invitation de CRAISSAC, BOURDOT, délégué de Limoges, explique les différentes phases de sa maladie et s'étend sur le traitement
qu'il a suivi.

CRAISSAC demande si une proposition de loi aurait chance d'être
accueillie en Italie.

QUAGLINO répond qu'avant de se prononcer, il lui paraît indispensable qu'il lui soit fourni tout ce qui a été fait par la législation
française.

CRAISSAC fait un résumé de ce qui a été proposé.

QUAGLINO déclare que depuis quatre ans il existe en Italie un Office
du Travail ; par le moyen de cet office, ils ont fait adopter beaucoup de

lois protectrices du travail, mais en raison de la non-constatation de cas saturnins, rien n'a encore été fait à ce point de vue ; il demande avec instance un rapport sur ces cas, de façon qu'étant de retour dans son pays, il le communiquera à l'Office du Travail, qui entreprendra le nécessaire auprès des pouvoirs publics.

CRAISSAC lui fait savoir qu'il lui remettra tout ce qui peut être utile.

QUAGLINO déclare qu'aussitôt son arrivée en Italie, il convoquera tous les syndicats de peintres ; la Fédération fera l'agitation qu'il convient pour obliger la Chambre des députés à faire et voter une loi pour en obtenir la suppression.

CRAISSAC demande aux délégués suisses ce qui pourrait être obtenu chez eux.

BRÉRA, de Genève, en réponse, dit que la besogne sera de beaucoup simplifiée en Suisse, car il y a des mesures préventives. Dans les travaux de la Confédération Suisse, les entrepreneurs de peinture sont tenus de ne pas employer la céruse. Quand aux travaux de l'industrie privée, liberté est encore laissée.

Les Chambres fédérales à Berne seront saisies, à la rentrée d'automne, d'un projet de suppression.

CRAISSAC fait remarquer alors que l'on se trouve en possession de ces divers renseignements ; il porte à la connaissance du Congrès qu'en Allemagne il existe une réglementation pour l'emploi de la céruse et que les syndicats allemands se prêteront à une campagne pour la suppression.

Il fait demander à Quaglino s'il serait possible d'obtenir en Italie que les récipients contenant les matières à base de plomb soient revêtus de l'indication POISON.

QUAGLINO répond à nouveau qu'il attendra d'avoir les renseignements complets pour se servir comme base au point de départ d'une campagne contre les poisons professionnels.

CRAISSAC demande que le Congrès décide que le Conseil Fédéral français soit chargé d'engager la lutte contre les poisons professionnels au point de vue international et dépose une proposition en conséquence.

Le Congrès international décide :

« Un rapport sera établi sur la question des poisons professionnels
« et déposé sur le bureau du Congrès de Bâle. »

Adopté.

Au sujet d'un renseignement demandé par CRAISSAC au délégué du Danemarck, à savoir qui fournit le blanc de zinc chez eux, ce dernier répond que ce produit leur provient de France.

BOURDOT et CRAISSAC déposent la proposition suivante :

« Le Congrès international décide que les syndicats des différents
« pays devront chercher à obtenir que le mot « POISON » soit appliqué
« sur tous les récipients contenant des matières toxiques, céruse, minium
« de plomb, vert arsénieux, etc.

« S'engagent en outre à faire une lutte acharnée contre leur
« emploi. »

Adopté.

BRÉRA et QUAGLINO déposent également cette proposition :

« La Fédération française sera chargée d'organiser internationale-

« ment la lutte contre les poisons professionnels, et notamment la céruse
« et le minium de plomb, et faire parvenir aux nations tous les rensei-
« gnements sur cette situation en France.
« Signé : BRÉRA et CUVILLIER, de Genève :
« QUAGLINO, d'Italie. »

La proposition est adoptée.

CRAISSAC serait d'avis, pour faciliter les Congrès internationaux,
que les secrétaires ou les délégués des organisations connaissent l'*Espéranto*, langue universelle ; il en fait ressortir les avantages pour les relations.

BRÉRA estime que c'est aux syndicats de se mettre résolument à la
besogne, de faire apprendre aux syndicats cette langue.

CRAISSAC déclare que le délégué du Danemarck est partisan de cette
langue.

DAVID reconnaît comme bonnes toutes les raisons invoquées sur la
nécessité de cette langue, mais il croit, et avec raison, que tout n'a pas
été fait pour arriver à la diffusion de cette langue.

Cependant, de tous côtés, on la réclame ; le Congrès confédéral de
Bourges a également porté la question à l'ordre du jour.

Il est évident que chacun comprend la facilité des relations par cette
langue.

De tout temps on en a reconnu l'utilité ; diverses propositions furent,
faites ; à un moment donné, on proposait la langue anglaise comme étant
la plus répandue.

On ne fut pas long à en reconnaître l'erreur, par suite des jalousies
nationales que cette proposition suscita.

Du moins avec l'*Espéranto*, toutes ces craintes disparaissent, les difficultés sont applanies, il termine en demandant au Congrès, d'émettre un
vœu, sur la nécessité de cette langue universelle, et c'est au Comité International qu'en incombe le devoir,

POULSEN délégué du Darnemark, fait déclarer qu'il est d'accord avec
David, mais demande que la question soit réservée au Congrès prochain,
en préconisant l'emploi de l'*Espéranto*.

QUAGLINO veut bien en voter le principe, mais il craint que l'époque
soit loin ou les relations internationales seront rendues plus faciles, par
l'emploi de cette langue.

CLAVEL donne son opinion sur le sujet.

L'étude de l'Espéranto est très prospère à Grenoble.

L'association du commerce et de l'industrie a organisé des cours gratuits, il verrait avec plaisirs les autres villes imiter Grenoble, il estime
que cette langue n'a pas encore eu tout le développement voulu, mais
néanmoins peut rendre, dès maintenant, de réels services dans les relations internationales.

ROBERT dit qu'il a toujours été partisan de la langue commune parce
que au point de vue financier, elle réduirait à néant les frais de traduction.

Au Congrès de 1900, on n'avait pas voulu admettre son idée de tra-
duire dans toutes les langues, le chant de l'*Internationale*, sous prétexte
que son idée était prématurée, mais on fut obligé quelques mois après, de
la mettre en pratique.

Avec l'Espéranto, on résume tous les avantages ; il demande que le
Congrès lui donne mandat de demander au Congrès Confédéral de Bourges qu'il soit fait tous les efforts pour la diffusion de cette langue.

David est d'avis de mettre immédiatement cette langue à l'étude, la facilité qu'elle offre pour être apprise fait que tout doit être tenté pour la répandre.

Le Président donne lecture de la proposition suivante faite au nom de la France.

Le Congrès International décide :

« Les discussions des Congrès internationaux des peintres en bâti-
« ment devront autant que possible avoir lieu en « Espéranto »; les
« secrétaires de Fédérations nationales de peintres des différents pays
« devront commencer de sérieuses études à ce sujet.

« Les cours d'Espéranto devront être organisés par les Syndicats par-
« tout où il sera possible. »

La proposition est adoptée.

Robert propose de lever la séance et de la reprendre à deux heures de l'après-midi.

Adopté.

La séance est levée à 11 heures 3/4.

Séance du 9 Septembre *(soir)*.

La séance est ouverte à 3 heures, avec le bureau de la matinée.

Lecture est donnée d'une lettre de Tourcoing, adressant un appel en faveur des grévistes de cette ville.

Robert dit que de notre première entente internationale doit sortir le secrétariat international, qui aura pour but d'établir des rapports de solidarité entre les travailleurs de la peinture du monde entier, de correspondre avec les organisations centrales de chaque pays, de créer un service de statistique, sur les conditions du travail, les lois ouvrières de toutes les nations, renseigner les intéressés sur le marché du travail. Bref, converger vers le but final qui est l'émancipation intégrale de tous les travailleurs.

Pour cela, Il est indispensable que le Secrétariat fasse la plus active propagande auprès des organisations centrales, afin de les amener a remplir leur devoir de solidarité prolétarienne, en adhérant au Secrétariat international et en remplissant toutes les obligations morales et matérielles qui incombent de ce fait.

Au premier point, se place la lutte contre les poisons professionnels, le blanc de céruse, etc., etc.

La grève générale qui aurait le but que l'on en attend, si elle était internationale.

Il est d'avis que le Secrétariat doit être tenu dans la ville ou tout au moins dans le pays, où a eu lieu le premier Congrès, et la meilleure raison, est que toutes les réponses ne sont pas encore parvenues.

Envisageant les frais de correspondance, de traduction, il voit l'obligation d'une cotisation pour payer ces frais divers.

Il termine en demandant au Congrès de se prononcer sur les trois questions qu'il va énumérer.

1° Principe du Secrétaire International;

2° Ville ou siègera le Secrétariat International,

3° De la participation des puissances pour assurer son fonctionnement.

Il fait constater l'obligation de trancher ces trois questions, si l'on ne veut établir le ridicule qui pourrait avoir lieu sur la Fédération nationale française, d'avoir organisé ce Congrès sans qu'il en ressorte rien de définitif.

QUAGLINO estime que le secrétariat international qui va être créé doit avoir l'approbation des puissances étrangères pour pouvoir agir avec efficacité.

Il reconnaît que parmi les différentes nations qui doivent souhaiter la réalisation de ce projet, se classe au premier rang l'Italie, par rapport à l'émigration de ses nationaux.

Pour eux, la question est primordiale de pouvoir être renseigné sur les prix de main-œuvre des puissances étrangères et pour éviter la concurrence, le moyen est le secrétariat international qui permettrait d'avoir un contrôle, il remercie la Fédération française d'avoir jeté les bases d'une Fédération internationale et fait le vœu que ce projet réussisse.

Il faut que les décisions prises par le secrétariat soient respectées, il faut de la discipline.

Lorsque ce secrétariat sera créé on sera certain d'avoir des données précises, sur les villes où le chômage sévirait pour empêcher les ouvriers de s'y rendre.

Contre les syndicats jaunes (appelés vulgairement kroumirs en Italie), il désirerait que le Secrétariat prenne des mesures sérieuses pour en empêcher le développement.

L'établissement d'une statistique du mouvement international faisant connaître la progression suivie dans la voie internationale.

Pour les secours à accorder aux grèves, il demande que ce soit le Secrétariat international qui décide si oui ou non telle ou telle Fédération a droit au secours, et cela pour éviter les abus que ne manqueraient pas de commettre les syndicats jaunes qui feraient appel.

Pour la répartition des secours, il voudrait que les Fédérations justifient leur demande au Secrétariat qui vérifierait lui-même le plus ou moins fondé de ces demandes, de même qu'il reconnaît seul le droit audit secrétariat d'adresser des appels aux Fédérations étrangères. Il demande en outre la publication d'un journal périodique pour transmettre à chaque puissance, circulaires propositions à un congrès, en un mot tous les actes officiels. Le Secrétariat, selon lui, devra présenter un projet de statuts au prochain Congrès, toutes les correspondances doivent être adressées au Secrétariat de chaque fédération et non à des personnalités, le projet de statuts sera envoyé au préalable à chaque Fédération ; pour que ces dernières puissent l'étudier, d'établir une cotisation commune pour couvrir les frais du secrétariat.

Il demande l'état numérique de chaque syndicat et celui de la Fédération centrale, afin que les intéressés puissent en prendre connaissance.

La cotisation devra être proportionnelle et n'accepter qu'une Fédération par puissance.

CRAISSAC demande si les cotisations seront établies sur le nombre de membres.

QUAGLINO répond affirmativement.

ROBERT dit que pour l'instant il est très difficile d'établir une cotisation.

QUAGLINO est d'accord, mais il n'en ressort pas moins l'obligation d'établir les ressources du Secrétariat.

TESTAUD demande qu'il ne soit posé que des questions jugées utiles.

QUAGLINO demande au Congrès d'établir un budget pour une année au Secrétariat.

CRAISSAC propose la somme de 500 francs.

ROBERT demande que chaque puissance verse 50 francs, puis au fur et à mesure que les charges augmenteront, le Secrétariat adressera des demandes qu'il sera tenu de justifier.

QUAGLINO n'est pas partisan de la proposition Robert en ce sens qu'il est injuste de taxer une petite fédération au même titre que les grandes, il désire au contraire une échelle de proportion basée sur le nombre de cent ou de mille adhérents.

A Zurich, au Congrès des Tailleurs de pierre, il fut adopté une cotisation de 24 marks par mille et de 15 au-dessous.

La raison de sa demande est que les peintres syndiqués en Italie sont au nombre de 300 environ. Et s'ils étaient obligés de payer autant que les fédérations puissantes, ce serait leur écrasement.

TESTAUD propose 1 centime par mois et par membre.

ROBERT estime que la somme de 500 fr. pourrait suffire, et après les calculs qu'il vient de faire, la proposition de Testaud atteindrait ce chiffre.

Au nom de la Fédération française, il accepte la proposition.

QUAGLINO, au nom de la Fédération italienne, l'accepte également.

On fait part de la proposition au délégué du Danemarck, qui déclare ne pas l'accepter, et fixe la somme de 10 francs par mois à répartir entre les 4 puissances.

BRÉRA est d'avis que la discussion ne suit pas la voie qu'elle devrait suivre ; il est impossible que les petites Fédérations paient autant que les grosses ; il propose, au nom du Syndicat de Genève, 1 centime par mois et par membre pour le premier mille et 1 demi-centime pour les autres milles.

QUAGLINO, en présence de ces diverses propositions, déclare que, pour ne pas faire échec à l'entente internationale, il accepte d'avance la décision prise par la majorité du Congrès.

ROBERT pense absolument comme Quaglino, quelle que soit la décision prise pour la France, il l'accepte. D'après la proposition Bréra, les ressources seront diminuées de 132 francs, mais malgré cela il accepte, et que chacun doit avoir à cœur, avant de se séparer, de créer le secrétariat.

CRAISSAC établit la proportion suivante :

Danemarck	15 fr. par mois
France	15 —
Suisse	2 —
Italie	5 —

CUVILLIER renouvelle la proposition de la Suisse et en demande le vote.

CRAISSAC demande, pour éviter tout froissement, que la France paie autant que le Danemarck ; alors, dans ce cas, il se rallie à la proposition de Bréra.

Voici, à titre de document, le nombre d'adhérents de chaque puissance assistant au Congrès.

        Danemarck   2.700 adhérents tous syndiqués

France	1.500	adhérents tous syndiqués.
Italie	300	— —
Suisse	100	— —

CRAISSAC fait communiquer ce résultat par l'interprète au délégué du Danemarck.

POULSEN fait connaître ensuite qu'il désire savoir pourquoi l'Allemagne n'est pas représentée au Congrès, parce que l'Allemagne, avec son nombre de 20,000 syndiqués, peut à elle seule six fois plus que les quatre autres puissances réunies.

A son avis, les quatre puissances présentes ne peuvent pas créer le secrétariat international aujourd'hui, à cause de cette absence.

Il reconnait volontiers la force et l'énergie, la bonne volonté admirable des Français, qui sont parfaitement capables de pouvoir diriger les affaires internationales, mais comme la question pécuniaire ne permet pas de donner les garanties que l'Allemagne possède, considère sa mission comme terminée, et que tous les travaux devront être remis dans les mains de l'Allemagne pour la préparation du prochain Congrès.

QUAGLINO estime que s'il y avait des observations à faire au sujet de la non présence de l'Allemagne au Congrès, elles devaient se produire au début, c'est-à-dire à la 1ʳᵉ séance et non à la 3ᵉ, pour lui, il demande de passer outre aux observations du Danemarck, car il y a nécessité impérieuse pour la création du Syndicat International.

CUVILLIER propose l'Allemagne pour le prochain Congrès.

Cette proposition est adoptée, la ville de Stuttgard est désignée en principe.

QUAGLINO, vu son heure de départ avancée, demande à donner quelques renseignements au Congrès.

Il dit que les organisations italiennes sont jeunes, elles ne datent que depuis 4 ans, mais, malgré cela, elles augmentent chaque jour leur puissance.

Au sujet de l'émigration de leurs nationaux, elles ont entrepris une série de réunions de propagande à leur faire, lorsque ces derniers sont de retour dans leurs foyers.

Chaque année à l'automne, les députés socialistes et des militants syndicalistes se rendent dans les villages et font des conférences éducatives à leurs compatriotes.

Il existe aussi en Italie une société humanitaire qui a charge de donner aux émigrants les renseignements nécessaires pour les diriger dans les pays étrangers.

3.000 francs par an sont consacrés pour les conférences.

Il demande au Congrès, aujourd'hui, que toutes les Fédérations étrangères rentrent en relation avec la Fédération du bâtiment italienne, par le canal des Bourses du Travail, de posséder des compte-rendus ; à savoir si dans une grève quelconque, les ouvriers italiens ont fait œuvre de solidarité, ou s'ils ont fait cause commune avec les renégats. Lorsque ces ouvriers seront de retour dans leurs foyers, ce sera alors aux délégués de la Fédération à leur faire comprendre le tort qu'ils ont causé.

Il promet de revenir dans 20 jours, donner une conférence aux ouvriers italiens à Grenoble.

Il parle de la Conférence sur l'émigration qui va avoir lieu à Turin, il demande l'envoi de délégués français à cette conférence, il en démontre toute l'utilité et termine en remerciant au nom des 30.000 fédérés italiens le Congrès de Grenoble pour l'accueil chaleureux qu'il a reçu.

CRAISSAC déclare qu'à la prochaine réunion du Comité Fédéral, il demandera que la France envoie 1 ou 2 délégués à la conférence de Turin.

ROBERT au nom de la Fédération Nationale de peinture, adresse au représentant de la Fédération italienne, les sentiments fraternels de la France.

Après le départ de QUAGLINO, le délégué du Danemarck dit que puisque la France, l'Italie et la Suisse, ont décidé la création du Secrétariat international d'en aviser immédiatement l'Allemagne.

Pour le Danemarck, s'il n'accepte pas momentanément d'y adhérer au prochain Congrès, il prend l'engagement d'y assister, il remercie les Français de l'accueil reçu et souhaite à la Fédération Française, la réussite de ses désirs.

Il reconnaît qu'il n'est pas de même tempérament que les méridionaux, il ne se sent pas la conviction voulue pour donner son adhésion dès aujourd'hui, ce sera devant un fait acquis, qu'il sera alors heureux de participer et termine en déclarant que la France est la mieux qualifiée pour mener à bien cette grave question.

CRAISSAC lui transmet au nom de la Fédération française, le salut fraternel aux camarades de son pays.

LE PRÉSIDENT, au nom de la Fédération nationale, remercie la presse en général et le *Droit du Peuple*, en particulier, pour l'obligeance qu'elle a mise à publier les compte-rendus des travaux du Congrès.

BRÉRA demande que les délégués français qui se rendront à la conférence de Turin, passent par Genève, où ils organiseront une conférence à cet effet.

Choix de la ville ou siègera le secrétariat. A l'unanimité, Grenoble est désigné.

Par acclamation, le camarade David Eugène, est nommé secrétaire du secrétariat international.

DAVID remercie le Congrès de lui faire l'honneur de lui confier le secrétariat, et tout en ne se dissimulant pas la difficulté de l'emploi, il tâchera de s'en montrer digne et de justifier le choix du Congrès.

BRÉRA au nom du Syndicat de Genève, remercie les délégués français et exprime l'espoir de se retrouver de nouveau ensemble au prochain Congrès.

LE PRÉSIDENT déclare clos le premier Congrès International et lève la séance aux cris de : « Vive l'Internationale des Travailleurs. »

Le Secrétaire des Congrès :
RÉMY GERVASON,
Secrétaire de la Fédération Nationale de l'Habillement.

Le Secrétaire de la Fédération Nationale Française.
LÉON ROBERT.

Le délégué au Secrétariat International.
EUGÈNE DAVID.